BRIAN SWITEK

# 骨が語る人類史

SKELETON KEYS: THE SECRET LIFE OF BONE

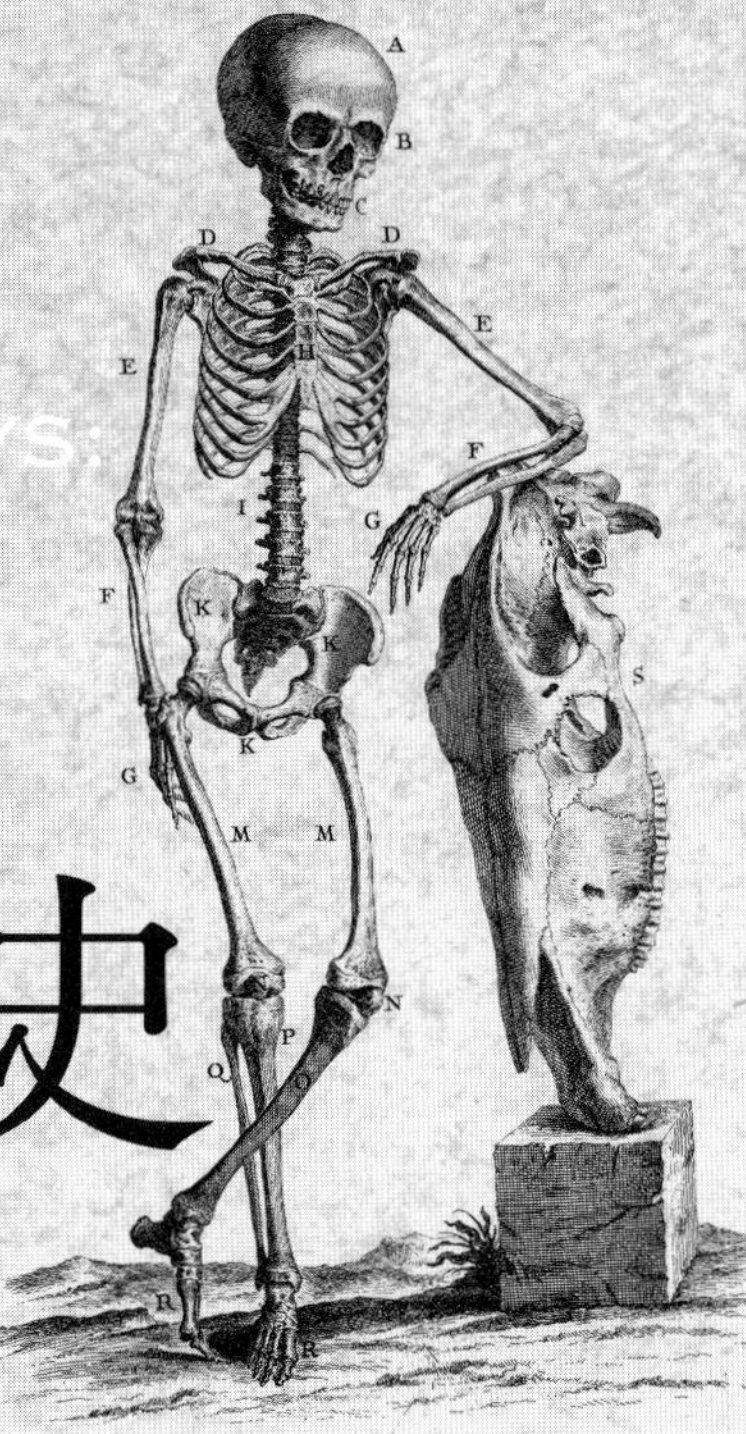

ブライアン・スウィーテク
大槻敦子［訳］

# 骨が語る人類史

# 目次

フォックスへ
ぼくの骨の物語をうまくたどれるように

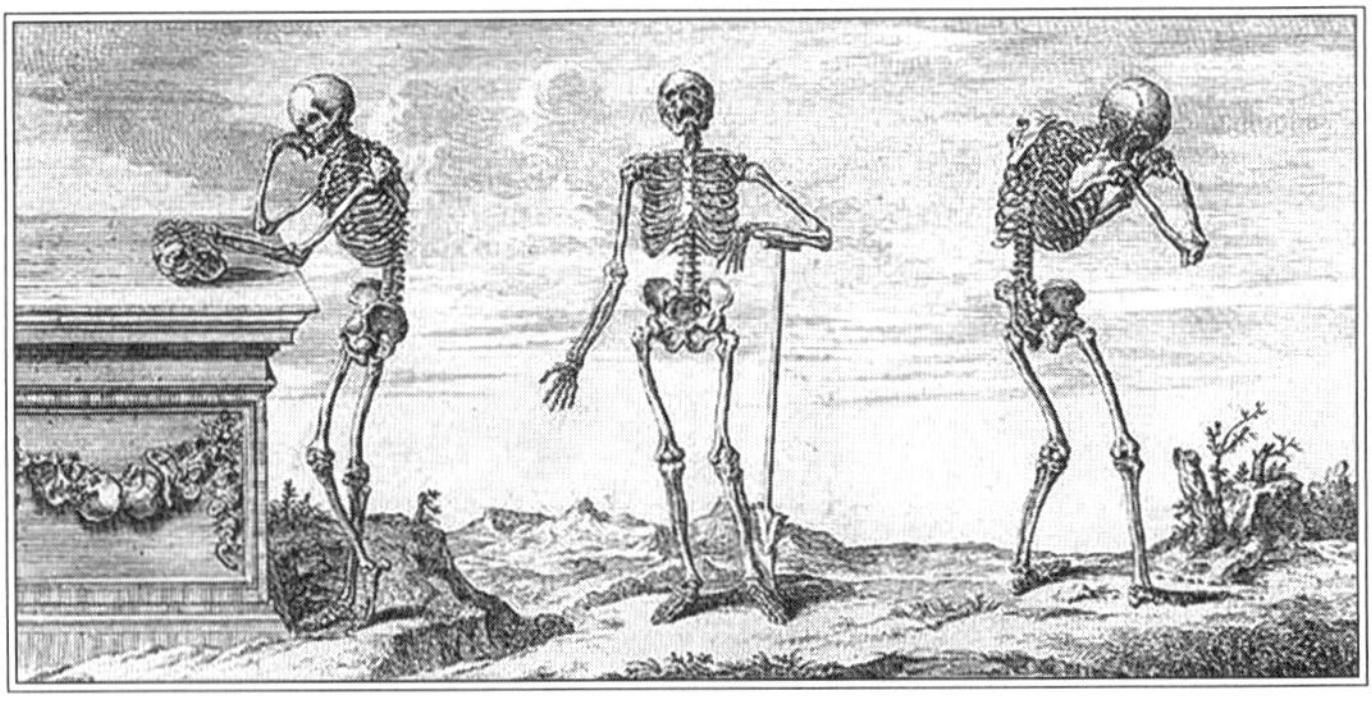

# 序章　骨の髄まで

　ゲザ・ウイルメニはみずから命を絶とうと覚悟を決めて、刃に目をやった。七〇歳だったその東欧の羊飼いが何に悩んでいたのかは、残された骨からはわからない。フィラデルフィア中心部にあるムター博物館の、木とガラス製の陳列棚に置かれた歯のない頭蓋骨。その下に貼られている小さな説明書きは、自殺に追い込まれた理由が金銭の問題だったのか、胸の痛みだったのか、人生につきまとう何か別の試練だったのかは教えてくれない。けれども、死後に歯をむき出して笑っているそのあごが、次に何が起きたかを物語っている。

　首に刃先をあてがったウイルメニは、自分の喉の一部が骨になっているとは夢にも思わなかった。この現象は多かれ少なかれだれにでも生じる。[1]喉頭《こうとう》――人間に特有なもの、すなわち声を出すための、輪をはめたような筒状器官――のしなやかな軟骨は、年齢とともにゆっくりとではあるが確実に変化して、柔軟な肉だったところに硬い骨細胞が増えてくる。ウイルメニの細胞組織は一般の人よりも若干活発だった。そこで刃で首を掻き切ったときに、彼は思いもよらない抵抗にあった。喉頭の変化が進みすぎて首に骨の柱が形成されていたのである。ムター博物館の掲示にある専門用語では「喉頭の骨化により死にいたらなかった」とある。その小さな説明書きでは自殺に失敗したウイルメニの心情はわからないが、首に残ったそのときの傷痕がハッピーエンドのしるしだ。展示によれば、彼は「思い悩むことなく八〇歳まで生きた」。骨がウイルメニの命を救ったのである。

この幸運な羊飼いの頭蓋骨は、ハートル頭蓋骨コレクションの一三九点ある展示品のひとつだ。コレクションは一九世紀後半の中欧ならびに東欧で亡くなった多くの人の永眠場所である。ひとつひとつの頭蓋骨にそれぞれの物語があり、そのエピソードが無機的に短く語られていて、集められたそれらの話は大まじめなものから悲喜劇までさまざまだ。髄膜炎で死亡した一九歳のウィーンの娼婦フランシスカ・セイコラの歯をむいた骨の隣には、子殺しの罪で処刑された女べロニカ・ヒューバーがいる。同じ棚にはまた鉄道員、漁師、盗賊、兵士、身元不明の死者のほかに、一風変わった例もある。たとえば、過激な宗教グループの一員で、集団の規定により自分で去勢して死亡したアンドレイウス・ソコロフの頭蓋。また二〇歳の綱渡り曲芸師ジロラモ・ジニは、博物館の無味乾燥な説明によれば「環軸椎脱臼（首の骨折）により死亡」したらしい。

ムター博物館の膨大かつ貴重な収蔵品に含まれているものはこうした頭蓋骨だけではない。薄く切られたアインシュタインの脳や、ありとあらゆる目の損傷の実物より大きな複製が収められており、わたしなどはこちらの目も痛くなりそうでちらりと横目で見ることしかできない。それにくわえて、「アメリカの巨人」のそびえるような骨格、長いあいだあまりに窮屈なコルセットを締めていたために骨の構造そのものが変形してしまった女性の遺骨など、たくさんの人々が死してなお人間の体についてわたしたちを教育すべくこの博物館に収蔵されている。そこは驚くべき死者たちが住まう場所であり、ヴィクトリア時代の解剖学生なら違和感を覚えないような一九世紀の美学に則った医学の霊廟だ。博物館の全盛期に生きていたなら自分も展示物候補だったかもしれないという縁起でもない考えが頭をよぎるのは言うまでもなく、いくつもの陳列棚にはいくらかの不気味さ以上のものを感じる――当時の解剖学者は往々にして自分の棚に並べる珍しい標本を手に入れるためなら道徳観など二の次だったからだ。そこにある骨は第二の人生を得たとはいえ、それはケースや棚の説明書きにある失われた人生と同様、大きな物語の一部にすぎない。収蔵されている骨にはみな、現在から過去へと、何百万年もの進化の過程をたどることのできる複雑に絡み合った物語がある。そしてそれは現在も変化し続けているわたしたち人間の土台となっている。それぞれの骨には、その人物が恵まれていたか貧しかったか、健康だったか病気だったかにかかわらず、活力のみなぎる多様な「生命」の物語が秘められている。

正直に白状すると、その寒い二月の朝にムター博物館を訪れるまで、わたしは人間の骨にはあまり注意を払ってこなかった。わたしの場合、骨への愛着は古生物学がきっかけだったからだ。

生まれてからほとんどずっとムター博物館から一時間ほどの場所に住んでいたわたしはい
つか絶対に行こうとは思っていた。ところが博物館に行けるだけの時間とお金があると必ず、ニュージャージー交通に乗って北へ、マンハッタンの米国立自然史博物館にある巨大な恐竜の骨格や、その他の先史時代の珍しい展示物を見に行ってしまった。あらゆる形や大きさの石化した骨がわたしをとりこにした。生きていたときのように立ち上がっているようすが再現されているとなおさら輝いて見えた。

好きが高じてアメリカ大西部に移り住んだわたしは、夏になるたびに数週間、博物館や大学の発掘チームを手伝って、失われた世界への扉を開く化石の骨を掘り出した。それは困難な作業だった。砂漠に出れば、科学とは、奇跡的に今日まで残っている先史時代の生物のかけらを探して、崩れかけている地層の露出部分を歩き回り、まずはつるはし、ショベル、ブラシ、石膏を使って古い骨を地表に出して保護してから、持てるかぎりの力を振り絞って大自然という墓からその骨を引きずり出すことである。言うまでもなく、そうした肉体労働はみな考える時間をたっぷり与えてくれる。そして骨から思い浮かぶとめどのない疑問は、化石熱に浮かされた者たちが、日焼け、虫刺され、脱水、そして靴底の弱い部分だけをねらっているかのようなサボテンの棘から気を紛らわすためにも役立つ。

この生物は何だろう？　どのような姿をしていたのだろう？　どうやって動いたのか？　何を食べていたのか？　こうした謎の答えは骨から得られることもある。かけらひとつひとつに情報があり、その生物が生きていたときの状態が骨のなかに包み隠されている。古生物学者にとって骨は恐ろしい死の姿ではない。骨は生きている姿を見ることのできない生物について情報をもたらしてくれる生物学のタイムカプセルだ。歯、脊椎、かつて皮膚のなかで骨の甲羅の役割を果たしていた皮骨。これらはみな持ち主である動物の体内で成長し、変化し続けていた生体組織である。容赦ない日差しを浴びて次第に粉になりつつある、何のものだかさっぱりわからない小さくてつまらないかけらでさえ、この世に生まれて死に、真相を知ることなど不可能なほど長いあいだ保存されてきた生物の痕跡である。死と向き合いながら生について考えないことは難しい。ティラノサウルスについても人間についてもそれは同じだ。

はるか昔に息絶えた生きものの化石を少しずつ粘り強く調べる場合、骨から引き出される情報はどれほどささいなものでも宝ものである。生きている姿を見ることができないのだから、手元にあるもののほとんどは骨だ（通った道や足跡は骨の補足である）。古生物学という学問分野は総じて、頭のなかで絶滅した生物を復活させることである。

しかしながら、自分たち人間の骨となると、その結びつきがひっくり返る。わたしたちはじかに生を体験し、骨が支えている柔らかい組織のすべてをよく知っている。つまり、生きているときの情報があるがゆえに、骨の意味が裏返しになってしまうことが多い。頭蓋骨は死の顔であり、みずからを待ち受けるものを思い起こさせる。「あなたも今にこうなる。わたしもかつてはあなたのようだった」。人間の骨は何度も繰り返してそう告げる。身の回りで骨や頭蓋骨を目にする場面を考えてみよう。頭蓋骨と交差した骨は、威嚇するようにはためく海賊旗のしるしだ。同じようなマークは不用意に容器の中身を飲めば死ぬと警告している。ヘヴィーメタルのアルバムジャケットはもちろん、ヒーロー人形ヒーマンの宿敵スケルターから映画『シンドバッド七回目の航海』の骸骨兵まで、さまざまな架空の悪役には骸骨がよく出てくる。わたしの左腕のタトゥーは、自分もいつか死ぬことを忘れるなという意味で狼人間がえものの頭蓋骨をつかんでいる。死に神までもがマントに身を包んだ骸骨の姿で表現されている。頭蓋骨と文化とが好意的に結びついている数少ない例のひとつはメキシコの死者の日で、砂糖でできた頭蓋骨など、骨を模した装飾を施して、生きている者が死者の思い出を失わないようにする祝日である。けれども、これは現代人の骨との関わり合いとしては例外的だ。先史時代の化石が生きものをよみがえらせる意味合いを持つのに対して、自分たち人間の骨は死後の世界とまだ見ぬ不幸を示す大きな象徴とみなされることが多い。

それでも、深く考えれば、骨はもっとも重要な構造であるという事実から逃れることはできない。骨は最初から生命の基礎を形作っている。人間は二〇六個ほどの骨すべてができあがった完全な姿で母親の胎内から出てくるのではない。骨は生まれたときにはまだ硬化も結合もしきっていない。その後何年もかけて発達し、成長することで、年を追うごとに変化していくのである。骨は少年期、思春期を通して変化を続け、やがて完全な水準に成長し、幸運にも老年期に達した場合には、意に反して、まだ使い終わっていないのに分解されて吸収されていく。こうした変化は断続的に起きるのではない。骨はつねに変化し続けている。こうしてあなたが本を読んでいるあいだにも、食欲旺盛な特殊細胞が古い骨を食べ、別の細胞群が新しい骨細胞を作り出して、内側から体をリサイクルしている。したがって、肉と骨のあいだに明らかな違いはあっても、結局のところは、柔らかいか硬いかという点で異なるだけである。骨格を取り巻くすべての血と肉を隠している皮膚とまったく同じように、骨も活発に働いている。

科学の専門用語で言うと、骨は「血管が発達した組織で、相互につながった複数のプロセスを有する骨細胞で構成されており、細胞外の基質に埋め込まれていて、水酸化リン灰石で石灰化し、I型コラーゲンを含んでいる」。[2] 多くの科学の定義と同じように、これは正しいと同時にもっと大きな点を見落としている。確かに骨は、硬い部分としなやかな部分を持つ、耐久性のある石灰化した組織だが、進化の過程で偶然生まれたすばらしい構造物質のひとつでもある。わたしたちの体のなかでは、骨は構造の核であり、体を支えると同時に、肉の土台になったり重要な臓器を包んで保護したりする役割も果たしている。それだけでは動かないが人間の動く能力に必要不可欠だ。骨は誕生以来、翼、背びれ、ツノ、甲羅など、さまざまな付属肢や装飾になってきた。また、雨粒のような全長わずか一・五センチほどの小さなジャラグアトカゲはもちろん、これまで進化したなかで最大の動物である全長約三三メートルのスーパーサウルスや重さ約一七〇トンのシロナガスクジラをも可能にしたきわめて重要な物質である。踏みつける、飛ぶ、泳ぐ、滑る、掘る、走る。これらはいずれも骨が可能にした動きだ。だがそれだけではない。

科学には、複雑かつ微妙なものごとを細分化してから、広い全体像へと戻る習性がある。自然界についての考察も部分的にそのように行われている。系統立てて理解するためにはつねに合意された定義が必要だ。けれども観察結果や見解をもっとも単純な点まで細かく分析することがいつも最適であるとはかぎらない。わたしよりもずっと昔に作家のジョン・スタインベックがそれを指摘している。名高い海洋生物学者エド・リケッツとともにカリフォルニア湾で波に揺られていたときのことを思い出して、スタインベックはこう記した。メキシコサワラを見かけると、科学者というものはたいていの場合脊柱の数といった寸法や解釈に要約したがる。けれどもそれだけではその魚の全体像をとらえたことにはならない。その魚の計測可能な部分と、その存在の詩的でとらえにくい性質の両方が必要である。「わたしたちはその両方を受け入れることに決めて、最終的には、望むならサワラを『D・XVⅡ‐15‐Ⅸ、A・Ⅱ‐15‐Ⅸ』と描写してもよいが、それと同時に、その魚が元気に泳ぐところを眺めて、釣り糸に逆らって暴れるのを感じ、跳ねている尾を持って引っ張り上げ、最後には食べてもよいことにした」[3]。人間と骨についても同じだ。生物化学の要素、進化の歴史、形やバリエーションで骨を定義することはできるが、数字や計測や指標に要約するだけではどうしても不完全に感じられる。博物館に寄贈された骨格か、墓から盗まれた頭蓋骨か、あるいは地表で風雨にさらされて朽ち果てるままになっている骨のかけらかは関係ない。骨の真相はもっぱら見る人に左右される。そしてわたしたち人間の骨は体内だけでなく文化にも埋め込まれている。人は骨から道具や装身具を作ったり、死者を収集品のように扱ったり、頭蓋骨の隆起を人間の行動を理解するための手がかりだと信じ込んだり、死後の世界への不気味な貢ぎものとして骸骨を並べてみたりする。

骨そのものが個々の物語を伝える一方で、人間はその長い歴史のなかで微に入り細に入り骨学とさまざまな関係を築いてきた（骨学 Osteology とは骨の学問である。osteo という接頭辞がついていれば骨に関わりがあると考えてよい）。古生物学から言葉を借りると、骨を取り巻く物語には層がある。わたしたちがだれで、どこからきたのかを教えてくれる詳細な情報が何層にも積み重なっている。必要なのは、適切な疑問を投げかけることだけである。

わたしの旅の出発点はそこだった。最初は恐竜やサーベルタイガー（剣歯虎）が骨へと関心を引いた――引かないわけがない――けれどもお気に入りの石化したモンスターと同じように人間にも好奇心を向けてみたいと思ったのだ。調査でも著書でも、わたしはこれまで人間の骨にはほとんど触れてこなかった。そもそも、ステゴサウルスのような壮大なものの魅力にはかなわない。だが、自分の無知がひどく気になった。人間の骨を知らないということは自分自身もよくわかっていないということだ。わたしはそれを正そうと思った。人間以外の骨の知識からすでに土台はできあがっていた。何と言っても、わたしたちはみな、脊椎動物をひとつのグループにまとめている、共通の魚類の祖先から受け継いだ多くの部位を共有しながら、同じ骨の基礎の上に成り立っている。つまり、ほかの脊椎動物を理解する方法が人間にも使えるはずである。骨がもたらす何層もの情報を引きはがして、わたしたちがだれなのか、どこからきたのか、そして人間であるかぎりつねにつきまとうアイデンティティの問題を探ることができる。所詮人間は自然と切り離されたものではなく、かなり特異な存在であるだけだ。わたしは自分の体の骨についても、どっしりした体軀のマストドンや恐怖を感じるほど大きいアロサウルスに対してと同じアプローチをとりたいと考えた。もしかするとそうする過程で、自分が敬意を抱いているすばらしい骨たちのどこに自分があてはまるのかがわかるようになるかもしれない。それがきっかけでこれから披露するストーリーを書くことになった。

本質的にわたしのやりたいことは骨の髄まで知ることである。骨と皮ばかり、骨を折る、骨をうずめるなど、わたしは骨にまつわる表現が大好きだ。しかしながら、骨の髄までという言葉は根底にあるものごとの真相まで切り込んでいくようで、何かしら本能的なものを感じる。肉はうそがつけるし、しばしばうそをつく。容易に周囲の影響を受けやすい。偽りはぐにゃぐにゃした脳から飛び出し、ごまかしはそうした軟組織が押したり引いたりして実行される。けれども骨は純粋なまま、わたしたちの中核を作っている。ひょっとすると、何もかもをばらばらにして、骨と筋だけにしてしまえということなのかもしれない。骨そのものほどに揺るぎない真実を示すものがあるだろうか。

そうは言っても、むき出しの真実は受け入れやすいものではない。自分の内部と真正面から向き合うということは恐ろしい体験になりうる。骸骨は終わりを迎えた生命の最終かつ永遠の姿であり、やがて訪れる自分の最期を思い起こさせる。頭蓋骨はわたしたちにその末路と向き合うことを強要する。博物館のガラスケースをのぞき込んで、かつて表情豊かな目が入っていた空洞の眼窩を見ると、思わず身震いせずにはいられない。その心を乱す緊張の瞬間、わたしたちはただ物体を見ているのではないことを思い知る。それはかつて人間だった。そして今もなお人間だ。

それだけではない。わたしたちの内面を理解するために生物学、歴史、文化を探っていくことが心地よい体験であるとはかぎらない。骨に近づくにつれて、自分自身の見たくない部分や、自分が何であるかという先入観と相いれない部分があるかもしれない。骨についてかつて人々が熱烈に信じていたもののごとのほとんどは現在ではまちがいだとわかっている。聖人の遺骨を入れた聖骨箱にしても、保管されているはずのほんものの遺骨が入っていないものがどれほどあるかを考えれば、今や神話と伝説の範疇である。人々はもはや頭蓋骨の形を見て犯罪者の気質があるかどうかを判断したりはしない。そして、何世代にもわたる過去の人類学者が熱心に信じていた見解とは裏腹に、人種に生物学的な意味などない。科学の名のもとに収集された膨大な頭蓋骨の収蔵物は、頭蓋計測学者がその存在を固く信じていた細かいカテゴリーの代わりに多様性を示している。

わたしたちを道に迷わせたのはけっして骨そのものではない。ありのままの事実は解釈されなければ意味をなさない。そしてそのための仮説や分析や議論は、骨そのものと同じくらい自分自身についても語っている。

本書を執筆しているあいだ、できるかぎり骨の持ち主へと話を向ける努力はしたものの、わたしは知らず知らずのうちに死者の代弁者になっていた。たとえ物語の終わりがわたしの骸骨と同じくらい奇妙な結果になったとしても、それがストーリーを語る者の果たすべき役割だろう。骨は生きている。しかも驚くほど活発に。すべての要素にわたしたちが送る人生の手がかりが秘められている。人間の骨は変化のない物体でも骨董品でもなく、かつて独自の意見、価値観、信条を持っていた人々の一部だった。ほかの生物種の骨と比べれば、わたしたちはそうした人間の骨と強く結びついている。本書は驚きと恐怖の両方が吹き出す泉であり、わたしたちの生活や文化において、いかに骨が中心的役割を果たしているかを示すものである。

当然のことながら、まずは人間の骨、いや骨そのものの存在よりずっと昔、太古の先史時代から話を始めるとしよう。ヒトが現在の姿になった背景を理解するためには、骨が組み立てられた何億年も前をひととおり駆け抜ける必要がある。過去を振り返って、自分の存在が必然ではないことを知ると謙虚な気持ちになる。自分たちがこの世のために特別に作られた存在であると思い込もうとしてきた大半の歴史を思えばなおさらだ。それから、骨の生物学へと移ろう。それは骨の本質、いわば肉を削ぎ落とした骨からわかること、わからないことの話である。そこからは、骨がいかに補完しあってわたしたちの体を動かしているか、内外から受けた傷や病気にどのように対応しているかといった骨格系の驚くべき能力が見えてくる。それはまさに骨の一生だ。けれども人間の骨には、昔から驚くほど活発な死後の世界がある。骨は想像もつかないほど昔から崇拝、征服、好奇心の対象だった。宗教の起源から科学の創生を経て現在にいたるまで、骨は死者に敬意を払うためにも、死者を侮辱するためにも用いられてきた。最後に、骨は体の部位のなかでも最後まで残る可能性があることを踏まえて、自分が残していく遺物としての骨に思いを馳せて物語を終えよう。何百万年も経って人類の地球上の痕跡が風化し、わたしたち自身が恐竜と同じくらい古い先史時代の生きものになったとき、ヒトという生物について伝えられる可能性があるのは骨だけである。

骨は不滅の命の象徴である。予想に反する回復力と生存力を記録し、五億年を超える進化の歴史の証拠を示している。骨は成長して変化する。またそうすることでいわば骨学的な記録装置としての機能を果たしている。その意味を解釈すれば人間の長所も短所も明らかになる。わたしたちの体のなかには自分ではけっして理解しきれないたくさんの物語が詰まっているのだ。それでは始めよう。

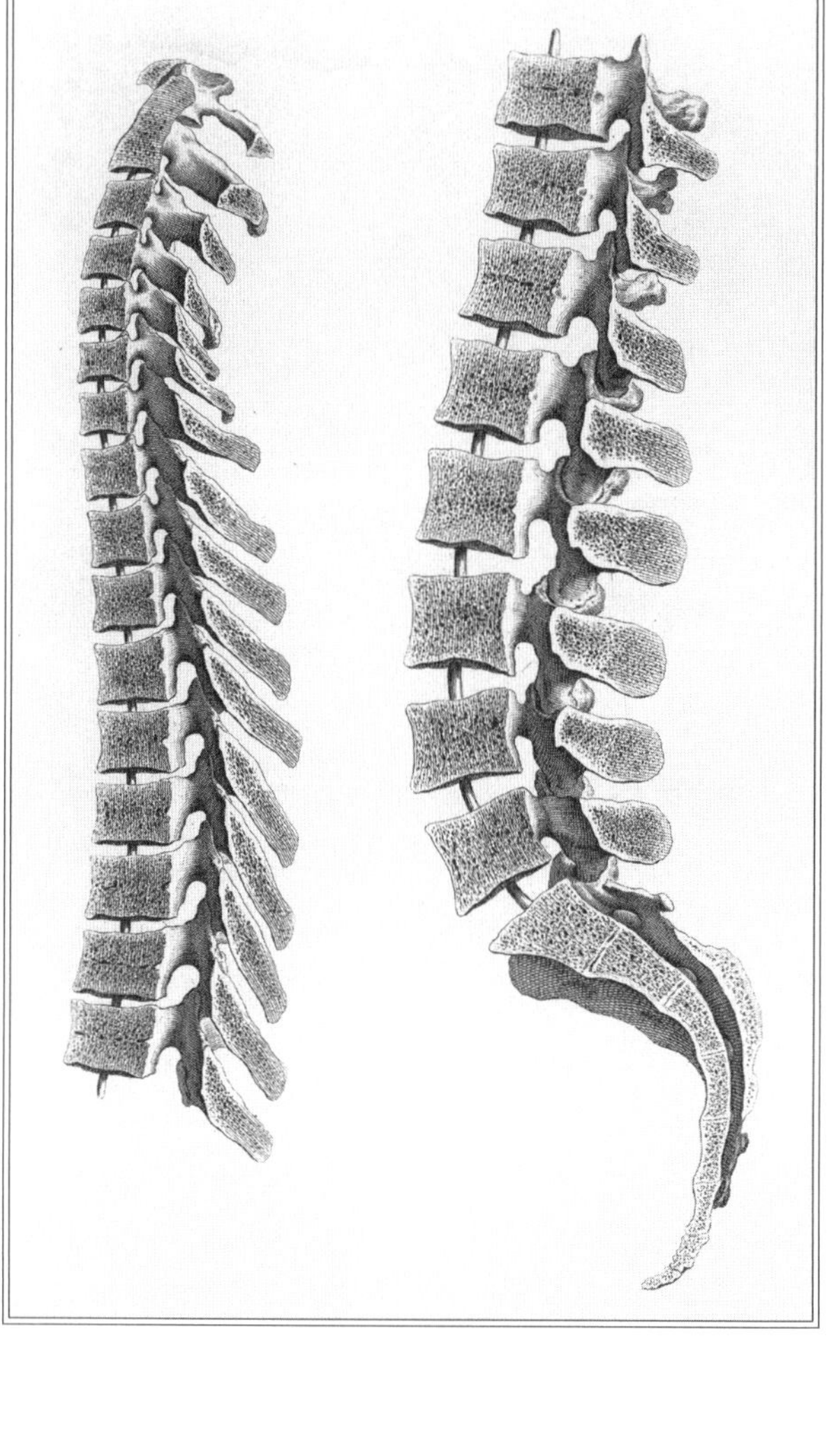

# 第1章　骨になる

まだ肌寒い四月の午後、友人ふたりを引き連れて、わたしはグローヴァー・クランツに会うために米国立自然史博物館の石段を上った。その博物館に行ったら彼に会わずに帰るわけにはいかない。名高いけれども物議をかもしがちなその人類学者にふたりを会わせると約束していたのだから（彼は化石霊長類から人類の文化の進化にいたるまで幅広い分野で著作物を出しているが、伝説のビッグフットは実在すると強く言い張ったことがもっとも人々の記憶に残っているかもしれない）。予約は簡単だった。なぜならクランツは一〇年以上も前から死人だからだ。

特別な許可はまったく必要なかった。「骨からわかること」という、植民地時代のチェサピーク湾岸住人に関する法医学に焦点をあてた特別展の最終列で、ガラスケースに入れられたクランツの骸骨は身じろぎもせずに立っていた。クランツは人類学の物語ではもっとも近年の部類に入り、人類学の一部というよりむしろ結末で、スミソニアン協会が作った骨学の迷路に陳列してあるヨーロッパからの移住者にも厳密にはあてはまらない。それでも、彼は骸骨迷路の最後に並べられてさぞかし満足していることだろう。クランツは骨を研究し、その謎について教える生涯を送った。彼の遺志はその天職を続けることだった。

歳を重ね、がんと診断されたクランツは、解剖学の教鞭をとることに数十年を費やした者には埋葬も火葬も適していないと考えた。彼は死後もずっと自分の骨に代弁してもらいたいと、来世を過ごすにあたって最適な場所を、仕事の人脈を通じて探し始めた。クランツの望みは自分の輝く骨を組み立て直して、自分が愛した三頭のアイリッシュウルフハウンド――クライド、イッキー、ヤフー――の保管してあった骨とともに陳列してもらうことだった。薄気味悪いかもしれないが、人間には古くから、愛するものと永遠の時を過ごしたいと願う慣習がある。

スミソニアンは最終的にクランツを受け入れることに同意したが、公に展示される見込みは薄そうだった。すでにある骨学の展示スペースにはクランツが入る余裕はなく、博物館の老朽化しつつある小部屋にはとうの昔から十分な数の古い骸骨がぶら下がっていた。人類学の引き出しにはきっと入れるだろうとコレクションマネージャーのデヴィッド・R・ハントが請け合ったものの、二〇〇二年のバレンタインデーにクランツがすい臓がんでこの世を去ったとき、彼の壮大な組み立て展示計画は夢に過ぎないように思われた。彼の遺体はかの有名なテネシー大学人類学研究施設の「死体農場」へ送られ、肉を取り除かれてから、二〇〇三年にスミソニアンに届けられた。

クランツの骨は愛犬とともに引き出しにしまわれたままになる可能性があった。それよりひどい結末もありえた。ところが「骨からわかること」の企画がクランツに列の最後の標本として復活する――少なくとも組み立てられる――機会を与えた。スミソニアンの剝製師ポール・ライマーに、小さなくぼみすべてをそれと対応する切り込みにはめ込む作業が課され、うれしそうなクライドが飛び上がってクランツにあいさつをしているようすを撮影した写真とほぼ同じでありながらＸ線写真のような標本が作られた[4]（クライドがクランツの喉を掻き切ろうと飛びかかっている印象を与えないように、写真とは位置関係が変更された）。ひとりと一匹は脊椎動物の形を知るかっこうの模型になった。クライドのほとんどすべての骨に対応するものがクランツにもある。それらは五億年を超える脊椎動物の進化におけるふたつの異なる姿だった。

　クライドのイヌ流の抱擁を受け止めようとのけぞっているクランツは、まるですべての人の体内で生きている骨の特使のようだ。ひとりの人間に全人類の代表をさせることはわたしたちが重んじている多様性に逆行する無謀な行為だが、自分の内部に生えているものの感触をつかみたいのであれば、だれかの骨を見るのがやはり手っ取り早い。骨学の観点から見れば、クランツの外側部分が今、あなたの内側を表している。そしてこの故人である人類学者と同じように、あなたにもおよそ二〇六個の骨がある。死後に、あるいは安全とは言えないレベルの放射線を浴びることになる高解像度全身用ＣＴスキャンを用いて、周辺組織をすべて取り除いた状態を見ないかぎり、完璧に正確な数を知る方法はない。生まれつきの違い、付属肢を失うような事故、あるいは骨をしなやかな複製品に置き換える外科手術などは別として、完全な骨格においてさえ人の骨の数にはばらつきがある。カタカタいう一連の骨も性格と同じようにそれぞれ異なっている。

　しかしながら、人間の骨格についていくつか確実に言えることがある。頭蓋骨は首の上でバランスをとっている。積み重なった脊椎は体の前側ではなく後ろ側に沿って並んでいる。世界を見る、聞く、嗅ぐ、味わうために必要な器官は、ギデルモ・デル・トロ監督が描くモンスターのように体のあちこちに分散されているのではなく、すべて頭のなかに収められている。こうした特徴があるからといって必ずしも人間であることにはならない。人間らしさの特徴はそれよりはるかに細かい。それでいてたいていの場合はすぐわかる。なぜなら過去六〇〇万年のあいだに栄えたほかのヒトの種が死に絶えて、わたしたちと大型類人猿のあいだに大きな隔たりを残したからだ。絶滅によって祖先や類縁が消え去ると分類上の明確な区別はつけやすくなるのである。しかしながら、ホモ・サピエンスを見分ける微細な区別についてはひとまず置いておこう。腕と脚が体と結合している場所、背骨の配置、体内で重要な臓器を守るように取り囲んでいる胸郭。こうした特徴はみな、チンパンジーからツバメ、トリケラトプス、そしてあまりにも小さくて骨があるようにはまったく見えない小さな赤いブチイモリにいたるまで、人間以外の脊椎動物に広く共有されている。ワニやマグロやネコと見た目は異なっても、ヒトの骨格はそれらと同じ体の構造に合わせて並べられており、それはわたしたちがみな偶然そのような骨組みになった生物を祖先に持つ同類だからだ。そうした祖先が生きていたのはあごや背骨、それどころか骨そのものの発達より前の時代だった。そのうちのひとつは、スミソニアン博物館のクランツの骸骨が立っている部屋より数階下で見ることができる。

ヒトの骨格の配置にそれほどまで不可欠な生物種ならば、世界のどこでも大きな古生物学展示室の中央で廟に安置されていると思うだろう。ビロードのクッションにのせられたその生物の化石が頭上のライトで照らされ、一度にひとりかふたりだけが暗い廟に入り、わたしたち人間のまさに核となったその生物と短いひとときを過ごす。ホープダイヤモンドのような宝石がスターの扱いにふさわしいのなら、人間の遠い過去の一部も同じ敬意を払われてしかるべきだ。せめてすばらしい化石陳列室への入り口として中央正面の目立つ場所が与えられてもよいはずだ。その生物のつつましく小さな姿はその後に続くすべてのものにとってきわめて重要な背景を教えてくれるのだから。けれどもほかならぬこのわたしたちの親戚はそのような待遇を受けていない。わたしたちの体の構造にとってもっとも重要な生物も、群衆を引き寄せる化石の魅力にはかなわないらしい。恐竜がたいていの場合、さまざまな展示室を先に通らないとたどりつけない場所に展示されているのは、そのためである。そうすれば、一億八〇〇〇万年前にふさふさした祖先がやったのと同じように、あなたが巨大な爬虫類の陰をめざして一気に駆け抜けるあいだに、何かを学ぶかもしれないからだ。恐竜などの人気のある展示は博物館における夏の大ヒット映画のようなものである。楽しむ理由が高い志か、己を知るためか、ただ口をあけて見とれるだけかには関係なく、それらは座席を埋める（博物館なら大理石の床で足を疲れさせる）ためのアトラクションなのだ。したがって、これから紹介する生物はいわばインディーズ映画のようなものである。評価は高いが華々しいショーではない。

　わたしたちにとって重要なその生物は、ほとんどだれも行かないような静かな場所に押し込まれている。米国立自然史博物館のサント・オーシャン・ホールを進んで、右手頭上にクジラがぶら下がっているところを左に曲がり、クジラ目の化石が並んで吊るしてあるところを通って小さな部屋に向かう。そこは博物館であまり人気のない化石スターが集まっている場所だ。虫のようなサンヨウチュウ、螺旋状の殻を持つアンモナイト、棘だらけで茎のようなものがあるウミユリなどのさまざまな無脊椎動物が、絶滅によって繰り返し地球上の生物相が消し去られても必ずまた生命が息吹くという大事な知識を授けてくれる。ここでわたしが述べている生物を見ることができる。それは一連の奇妙なもののなかにある、考えごとをしながら書いた線の化石のようなものだ。その名はピカイア・グラシレンス。人間との関係はこれまであまりよくわかっていなかった。

ピカイアとその周囲に展示されているいくつかの化石はみな、カナダのブリティッシュコロンビア州にある発掘現場で出土したものである。その現場とは、そこで掘り出されたものと直接関わっているかどうかに関係なく、古生物学者ならだれでも知っているバージェス頁岩《けつがん》だ。何年も前に古生物学教授から聞いたところによれば、その発掘現場が発見されたときの状況は一般に以下のようだったと言われている。一九〇九年の発掘シーズンが終わろうとしていたころのことだ。チャールズ・ドゥーリトル・ウォルコットは、フィールドという小さな町の近くにある太古の頁岩で初期の生命体の痕跡を探していたが、ほとんど手ぶらの状態だった。彼の大発見の計画は秘密が埋もれていると思われた岩のところでまさに壁にぶつかり、彼は妻とともに荷物をまとめて、その年の発掘作業の終わりを告げる最初の雪が降り始めた山を下りていた。ところがそのとき、ウォルコット夫人の馬が冷えてひびの入った石板の上で足を滑らせ、うっかり見落としていた岩がひっくり返った。チャールズは馬の蹄で裏返ったかけらに不思議なものを見つけた。古代の沈殿物に押しつけられていたものは、それまでその古生物学者が見てきたどの化石にも似ていない先史時代の甲殻類だった。これが古生物学者の迷信の起源でないなら、何と恵まれていたことだろう――いつも必ず実地調査最終日の最後の時間に一番よいものが見つかる。ウォルコットが翌年も同じ場所に戻って、足か頭かもわからないその生物全体を探し始めるにあたって、最初の手がかりさえあれば十分だった。

この古生代地層のストーリーは、多々ある古生物学の話のなかでは、大発見をした瞬間のようすがもっともよくとらえられていて、人を引きつける魅力があるのはよくわかる。どれほど準備を整えていても、たとえ岩のあいだからちらりと見える化石を最初に見つけるすぐれた目を持っていても、幸運に恵まれなければまったくうまくいかないこともあるからだ。しかしながら、古生物学者で作家でもあるスティーヴン・ジェイ・グールドが著書『ワンダフル・ライフ　バージェス頁岩と生物進化の物語』で述べているように、[6]ウォルコットの伝説はたとえ話であって真実ではない。ウォルコットは発掘シーズンにほぼ毎日記録をつけていたため、初めてその化石を見つけた日の記述も残されている。グールドによれば、ウォルコットの記録は一九〇九年八月三〇日か三一日のもので、悪天候だった形跡はない。また、ウォルコットは目を見開いて驚嘆したわけでもない。日誌にはたんに「興味深い化石」を発見したと書いてある。それだけだ。そしてこちらのほうが、しばしば大発見が形になるときの実際の状況に近い。大きな発見というものはたいてい小さくてよくわからないものから始まり、数個の興味深い骨のかけらやきめの細かい石についている謎めいた汚れでしかないことがほとんどだ。まさにウォルコットの場合がそうだった。最初の発見の翌日、彼はもっとよい場所を見つけた。そこからはそれまで科学界に知られていなかったまったく新しい無脊椎動物が三体も発見された。ウォルコットはそれ以外にもいくつかの美しい石板と標本を集め、残りのメンバーとともに九月の暖かく晴れた日に荷物をまとめて出発した。

標本の運命もまた遠回りをした。ウォルコットは一九一〇年のシーズンもバージェス頁岩へ戻り、さらにたくさんの化石を発見したが、スミソニアンに持ち帰った化石を含む大量の荷物のうち、最終的にはごく一部についてしか記録を残さなかった。くわえて、生物を解釈するにあたって、（狭いところへ押し込むという意味で）冗談半分に靴べらアプローチと呼ばれている方法をとった。つまり、脚や背骨や体節の寄せ集めをすでに知られていた生物群にあてはめてしまったのである。古生代前期のカンブリア紀はクラゲ、海綿、エビの時代で、サンヨウチュウなどの絶滅種を除けば、はるかに古いとはいえ現在の海底を覆っている礁と特に変わらないように見えた。ウォルコットによる動物相の特徴づけは何十年もそのままだった。ところが、一九六〇年代になって、新たなアイデアはもちろん、化石を浮き彫りにする新技術を取り入れた古生物学者が、バージェス頁岩の化石にふたたび目を向けた。彼らが発見したものは、ウォルコットがもっとも熱心に化石を夢見ていたときにさえ想像すらできなかったような、まさに不思議な生物の群れだった。

　スミソニアンに展示されているウォルコットの生物たちは、奇妙な体の形、ひょろ長い脚、飛び出た目を見せて並んでいる。動物はカンブリア紀にはまだ新しい存在で、地球の大洋で生物が巨大と呼ぶにふさわしいものへと進化するのはそれから何千万年も先のことである。この時代を描いた図には縮尺目盛りがないため、バージェス頁岩の生物種は不相応に大きく見える。また、脈打ったり、はためいたり、くねったりする部分がたがいにどのような関係にあるのかは想像もできない。それらはまるでジョン・カーペンター監督のホラー映画『遊星からの物体X』に登場する、姿が変わる怪物の先史時代版のように見えるが、実際にははるかに小さく、ほとんどがてのひらや指先にのる大きさである。なかでも小さいのがピカイア・グラシレンスで、長さが三・八センチほどしかない。そして、バージェス頁岩のすべての動物のなかでもちっぽけなその生きものこそがわたしたち人間の親類だ。

　表面上、ピカイアは石化したさまざまな印象の底辺に位置しているように見えなくもない。化石の見た目は灰色の岩に木炭で殴り書きをしたのとほとんど変わらず、この文章末尾の数単語より短い。ここで注意が必要だ。五億三〇〇〇万年前のピカイアは、わたしたち人間と直接つながる、つまりこの原始脊椎動物から人間まで途切れることのない直線の系統で結ぶにはあまりに古すぎる。古生物学者は一貫して、そう警告している。すべての生きものが巨大な系統図でただひとつの共通の祖先につながっていることは確信できる。それは地球上で最初の生物だったかもしれないし、そうでなかったかもしれない。けれども地質学者のチャールズ・ライエルとチャールズ・ダーウィンが用いたたとえを借りるなら、生物のすばらしい物語からはまだ多くの登場人物、言葉、文章、段落が抜け落ちている。古生物学が学問の分野として生まれてから二〇〇年に満たないなかで、わたしたちはばらばらになっている地球物語のほこりをやっと払い始めたにすぎず、ましてや正しい順序に並べ直すことなどまったくできていない。大まかなあらすじは明らかでも、祖先から子孫へとつながる系統の詳細はほぼ必ず論争中であり、時を逆行すればするほど、どの化石が何なのかを識別するためにはかなりの数が必要になる。そのため古生物学者は移行化石あるいは移行の特徴を持つ種という言葉を用いることが多い。そうした種は異なる系統に見える生きもののあいだの橋渡しの役割を担っている。たとえば、羽毛を持つ始祖鳥（アルケオプテリクス）は鳥類ではない恐竜と鳥を結びつけ、哺乳動物のパキケトゥスはクジラが陸上生活から海の獣へと姿を変えたときの変化を知る手助けになる。こうした生きものは進化の途中の姿であり、解剖学的にも自然史的にも大きな変化に関わっているため、とりわけ注目を集めている。そして地球物語の岩石のページからはいくつかのストーリーがすでに明らかになってきた。その話からはまた、祖先とは言わないまでもいくつかの原型がヒーローとして姿を現している。ピカイアはそうしたチャンピオンのひとつである。

ピカイアはウォルコットが命名した初期のバージェス頁岩動物群のひとつで、あまりぱっとしない「カンブリア紀中期の環形動物」と題された一九一一年の論文でつぶれた化石として世界に[7]

紹介された。この種が取り上げられたのは五つの短い段落だけで、全体で一ページにも満たなかった。ウォルコットは小さなピカイアを、穴が雨で水没すると芝生の表面ににょろにょろと這い上がってくるミミズとたいして変わらない環形動物の蠕虫《ぜんちゅう》だと考えた。「活発で自由に泳ぎ回る環形動物門多毛綱ネフティディダだと思われる」と彼は記している。平たく言えばゴカイだ。ところがのちに古生物学者のサイモン・コンウェイ・モリスが、発見されたひと握りのピカイアの化石を見たとき、彼の目に映ったものは蠕虫ではなかった。[8] 体長五センチの動物の体に沿って走っている、ほとんど見えないようなごく小さな節は、環形動物の輪が重なっているのではなく、原始的な筋節だったのだ。これはV字型に配置された繊維の束で、わたしたちの骨格筋になる前段階のものである。ちっぽけなピカイアにはまた、奇妙な一対の触覚がついた特徴的な頭があるが、何よりも驚くべき発見は、背中に沿うように、ひとすじの線として古生代の光沢が残っていたことだった。つまりピカイアにはごく初期の背骨のようなものがあったのである。五億年の変異を遂げて、わたしたちの背中を垂直に支えるようになる背骨だ。ただ、その竿状のものの周りに骨はなかった。骨というものはその後一億年以上経ってからしか出現しない。けれども、コンウェイ・モリスと彼の教官が一九七九年に発表したところによると、ピカイアには脊索、つまり背骨の基礎を作る硬い基本構造があった。

　前回この古代の友人ピカイアを訪問したとき、近眼のわたしが細かい部分を見るためには、ガラスに鼻を押しつけるほど近づかなければならなかった。だが確かに、それはそこにあった。何と驚くべきことだろう。恐竜や化石哺乳類などの生物でもここまで保存状態のよいものはあまりない。化石化はがっしりしたもののほうがうまくいく。ピカイアはカンブリア紀の海のなかのひとすじの細い線にすぎない。けれども、まさに最適な条件下でその小さな群れが堆積物に埋まったために、今こうして生きていたときの体の形ばかりか、長い時を経てわたしたち人間につながった細かい内部の状態までをも知ることができる。幅広い進化の観点からみて、小枝のような生物のピカイアはごく初期の脊索動物のひとつである。わたしたち人間も同じ系統に属している。

むろん、ピカイアだけがその時代の初期の脊索動物だったわけではない。バージェス頁岩だけではもの足りないと言わんばかりに、中国にもそれに匹敵する澄江（チェンジャン）動物群がある。五億二〇〇〇万年から五億二五〇〇万年前のその岩は、三種のピカイアの同類を含む化石の宝庫だ。最初に発見された二種、舌を嚙みそうな名前のハイコウイクティスとミロクンミンギアは一九九九年、続いてチョンジャンイクティスが二〇〇三年に公表されたが、どれもみなわたしが昔ペットショップで買ったグッピーの単純な形に見える。それらにはピカイアのような、いまだ解明されていない小さな触覚はないが、V字型の筋肉があり、弾丸のような体をしている。もっとも、カンブリア紀初期の海中でそれらを飲み込んでいた無脊椎動物はおそらくそんなことには気づいていなかっただろう。

こうした原始脊椎動物が特別である理由はさかのぼって考えればわかりやすい。まず、ピカイアなどの初期の脊索動物には頭がある。確かにそれほど驚くべきことでもないが、わたしたちの体が今の形になるためにはやはり重要だ。わたしたちに必要不可欠な感覚を司る目、口、鼻はすべて脳に近い頭に収まっている。初期の脊索動物でそれらの解剖学的状態がそうなっていなかったら、脊椎動物の感覚中枢は臀部にあったかもしれないし、体中に散らばっていて、ばらばらな部位すべてに情報を伝達するすばやい神経網を発達させなければならなかったかもしれない。それより重要なことに、ピカイアなどの背中に沿って形成されていた脊索は、のちに背骨とその付属部位になる基礎を作っている。サメ、エミュー、アマガエル、ヌー、そしてもちろんあなたの骨格の基本的構造も、あまりにも無脊椎動物に近くて最初に発見されたときはミミズにまちがえられた動物に基づいているのである。

　ピカイアの物語はその後に続くすべてのストーリーに不可欠だ。こうした生きもの、あるいはそれによく似た生きものは、わたしたちが今の姿になった原因のおおもとを作っている。ピカイアと次々に発見されているその仲間は、たんなる偶然によって、のちに脊椎動物になるものを定着させることになった。しかしながらわたしが強調したいのは、何十年も前にグールドが述べたように、カンブリア紀のわたしたちの祖先はまったく特別でも注目に値するものでもなかったということである。当時の状況を考えれば、その後の脊椎動物の出現は負け犬物語だった。

　目を見張るようなバージェス頁岩の生物種がみな生きていた当時、水中を泳いだり水面をかすめて飛んだりしていたすばらしい生きもののほとんどは、わたしたちの祖先とはかけ離れた種だった。あらかじめ潜水艇を用意して、カンブリア紀にタイムトラベルできたなら、脊椎動物誕生の輝かしい夜明けなどむしろかすんで見えたことだろう。[9]

海上で波に揺られながら、あなたは船酔いを食い止めるために神経を集中させて、潜水前の機器の最終チェックを行う。すでに服は汗で湿っている――この時代のバージェス頁岩は赤道のすぐ南側だったことをうっかり忘れていた。まもなく、ハッチが閉められ、海底への旅が始まった。海底に沈んでいくにつれて映画『ジョーズ』のオープニングテーマが頭のなかで響き始めるけれども、心配することは何もないと自分に言い聞かせる。潜水艇のなかは快適だし、サメの誕生は一億年以上も先だ。これから出会う生物のなかでもっとも凶暴なものでも、ミミズなどの小さなごちそうにしか関心がない。

生物種のリストと照合したくてうずうずしているあなたは、その場所で見られる一五〇種あまりが書いてあるガイドブックに目を走らせる。バクテリアのようないくつかの種は、水柱や海底の表面の点でしかないので見ることはできない。だが少なくともあなたは、生きているサンヨウチュウを見た唯一の人間になれるだろう。自分の時代で発見されたバージェス頁岩の化石の三三パーセント以上は節足動物とその同類である。それらは体節のある無脊椎動物の仲間で、現代のバッタからタランチュラやロブスターまでさまざまな動物がそこに含まれる。しばらくすると、あなたはドクター・スースが描くような奇妙な管状のものだらけの景色に到達する。柱サボテンのように水中で枝分かれしている集団もあれば、半分に切られた毛の生えたキュウリのようなものもある。それらは初期の海綿で、カンブリア紀の礁の景観を担っている。柔らかい海綿動物の群れに目が慣れてくるにつれて、別世界のものかと思うような形をしたユニークな動物が視界に入ってくる。エラヒキ——俗称ペニスワーム。まさにその名が暗に意味するものがとげとげになったような姿をしている——があわてて穴に引っ込む。水の動きに驚いたサンヨウチュウが自分の身を守ろうと丸くなる。それはまるで子どものころ積み上がった薪の下でよく見つけたダンゴムシのようだ。生きている針刺しのようなウィワクシアは自信があるのか無頓着なのか、水が乱されても気にも留めずに、ぬかるんだ海底で棘のある体を押し上げて得体の知れない何かを探している。その横を通り過ぎるのはミミズのような奇妙な生きもので、筒状の足で歩きながら尖った背をゆらゆらさせている。あまりにも変わっているため、幻覚にちなんでハルキゲニアと名づけられている。次の瞬間、体の側面でオールのようなヒレをくねらせている宇宙船のようなものが舳先をすばやく横切って、あなたは潜水艇を急いで停める。きっとそれは、シャッターのような口に入れる柔らかいえさを求めてうろついているアノマロカリスに違いない。

　おそらくあなたはピカイアを目にする前に空気を切らして、海面に、そしてできれば自分の時代に戻らなくてはならないだろう（それはよいことである。なぜなら、タイムトラベルの映画が教えてくれるように、自分の祖先と関係のある生きものをうっかり殺してしまったらたいへんだ）。スミソニアン博物館、ロイヤルオンタリオ博物館、カナダ地質調査所で、数えきれないほどのバージェス頁岩の化石を精査した古生物学者らによれば[10]、初期の脊索動物はバージェス頁岩動物相のわずか二パーセントしか占めていなかったことがわかっている。わたしたちの祖先より節足動物、海綿、藻類、蠕虫のほうがはるかに多かったのだ。むろん、ピカイアは体に骨のない柔らかい生きものなので、化石記録として保存される可能性には若干偏りがある。けれどもバージェス頁岩のこの不思議な生きものは、礁を埋める頻繁な泥流によって広い範囲でしっかりと岩に押しつけられた。カンブリア紀の生きものにとっては災難だが、そうした偶然のできごとがあったからこそ、わたしたちは驚くほど明確にその時代を振り返ることができる。泥流が礁の生きものをすばやく完全に埋めたため、わが親戚ピカイアのようなもっとも華奢な生きものでさえ保存された。彼らにとっては不運だが、わたしたちにとっては幸運だ。それらはあたかも古代の生態系のポラロイド写真のように、古生物学的に重要な点をはっきりと示している。つまり、カンブリア紀はほとんど無脊椎動物の世界で、ピカイアよりももっと人目を引くような奇妙な生きものがたくさんいたということだ。続く五億八〇〇〇万年がどのように繰り広げられるのかをまったく知らないまま古代の礁を訪れたとしたら、ピカイアは、無脊椎動物がその甲殻の形態が許すかぎりのあらゆる体の形を試しているときに怠けた道を歩んでいる、ちっぽけでつまらない糸のようなものと片づけられてしまうだろう。

カンブリア紀の海で誕生してから一七〇〇〇万年のあいだ、脊椎動物の祖先は、食欲旺盛な隣人の口で突き刺されたり噛み砕かれたりしないよう気をつけなければならない少数派の傍流の動物だった。だが彼らは以前考えられていたよりも幸運に恵まれ、そのままの状態で生き延びていたことがわかっている。グールドが『ワンダフル・ライフ』を書いた当時は、カンブリア紀の終わりに動かしがたい空白、つまり化石記録が存在しない大量絶滅の時期があったと思われていた。世界中の岩を手分けして調べていた初期の地質学者はたいていい、特定の岩の層の上下に極端な差異があるのに気づいて、偶然にそうした大災害を発見した。そして、カンブリア紀のあと、古代の海に広がっていた大量のおかしな生きものが完全に消え去ってしまったように見えたのである。歩く針刺し、ノズルのような鼻の略奪者、ブーメラン型の頭をした節足動物、あるいはシャッターのような口の怪物はみないなくなってしまった。一方で、解剖学的に見て控えめな、初期のサンヨウチュウや腕足動物は生き延びており、脊索動物のわたしたちの祖先も幸運な生存組に入っていた。これは人間という種の進化の歴史において重大な時期のひとつである、とグールドは書いた。生物がまったく異なる方向へ進化した可能性もある。アノマロカリスやウィワクシアが生き延びていたら、絶滅が起きなかったら、ピカイアと最初の本当の脊椎動物のあいだの進化の道が閉ざされてしまい、人間は歴史から排除されて、その後の進化の方向が大きく変わっていただろう。話はそのように続いた。新たな発見がそのストーリーを覆すまでは。

グールドの主張の基本的な部分はなおも有効である。つまり、今存在しているものは、特定の進化の選択肢を開いてほかのものを閉じたり阻止したりするような、さまざまな過去のできごとに左右されている。これは偶発と呼ばれ、中学生のときに初めて好きになった相手にデートを申し込む勇気があったなら今ごろどうなっていただろう、大学に入るときに希望どおり休学して冒険していたらどうなっただろう、あるいは怪しげなガソリンスタンドの軽食を食べなければ、というのと同じだが、規模が大きい。もっともわかりやすい例は、六六〇〇万年前に小惑星が地球に衝突して大量絶滅を引き起こした事象で、そのときには恐竜が支配の座から蹴落とされて、ほかの多くの生命が根絶やしにされ、哺乳類に繁栄するチャンスが与えられるほどの大規模な再編成が起きた。一瞬で地球の生物史全体が方向転換したのである。もしそれが起きなければ、世界はおそらくまだ、大きな歯を持ち、羽毛に包まれた、ありとあらゆる形や大きさの爬虫類に支配されていたことだろう。悠久なる時間には、ほぼどこにでもこうした重大な瞬間が存在する。それらは見つけ出せることもあれば、小さすぎて気づけないこともある。

カンブリア紀の終わりには、小惑星の衝突も、大気圏に温室効果ガスを吐き出す巨大火山の噴火も、完全な絶滅の引き金になるようなできごとの証拠は何もなかった。そこで絶滅のおもな説明は、どちらかといえばダーウィン進化論者の推論に基づいていた。古生物学者は、カンブリア紀の動物の群れは、原始的な生きものよりも有利な新しい種に取って代わられ、生存競争に負けたのだと考えた[11]。新しく、動きがなめらかで、進歩した生物が彼らを永久に降伏させた。それはまさにダーウィンの『種の起源』に立ち戻る考え方だった。つまり、子孫となる種のほうが、それを産んだ種よりもそのときどきの条件にうまく適応できるため、たいていは新しいものが古いものにまさるということである。古生物学者はこの支配者交代の変化をオルドヴィス紀の放散と名づけた。それはちょうど海が現代の姿に変わり始めた時期だった。巻貝がサンゴの庭をゆっくりと這い回りながら食事をし、初期のヒトデ、イカ、二枚貝の仲間が、かろうじて生き残ったサンヨウチュウのようなカンブリア紀の遺物と同居していた。

しかしながら現在では、カンブリア紀の終章に、かつて考えられていたような不思議な大量絶滅はなかったとわかっている。二〇一〇年、複数の研究機関の合同古生物学者チームが、カンブリア紀が終わってからしばらく経ったあとの四億四三〇〇万年から四億八五〇〇万年前の岩で発見された、バージェス頁岩の生き生きした生物種の群れについて発表した。[12] カンブリア紀末期の「絶滅」は動物が消えたのではなかった。柔らかい体を持つ生きものを保存するのに適した堆積物がきわめて少なくなって、化石の発見に適した場所が見つかっていなかっただけだったのだ。実際、新しく発見された堆積物では、古いものと当時新しかったものとが混在しているようである。そこにはオルドヴィス紀の巻貝、オウムガイ、ウミユリがいた一方で、礁を作っていた海綿、蠕虫、軟殻節足動物、ウィワクシアのような甲羅に覆われた動物、じつに奇妙なアノマロカリスの巨大な同類も存在していた。競争で完全に消し去られたと考えられていた種を含む、バージェス頁岩からそのまま出てきたかのように見える動物群がまるまる発見されたのは、まったくの想定外だった。古い生物が新しいものとともに生き残っていたのである。

さて、これが小さな脊索動物のわが友とどのような関係があるのか？　グールドは『ワンダフル・ライフ』で、奇妙なカンブリア紀の生物種が大量絶滅しなければ、わたしたちの原始脊椎動物の祖先は別の方法で適応しなければならなかったはずだと述べた。そうしないと、進化の歴史が大きく塗り替えられて、ホモ・サピエンスの誕生はあり得ないとは言わないまでも難しくなってしまう。ところが、カンブリア紀末期の絶滅は実際にはなかったという事実が判明した。そうなると、わたしたち人間の起源はますます驚異である。原始脊椎動物は無脊椎動物が支配する世界で、小さな筋節をぴくぴく動かしながら貪欲な隣人の餌食になることを逃れて何とか生存し続けた。その偶然の波紋は今でも感じられる。初期の脊索動物が絶滅していたら、あるいはもし彼らの脊索が腹側にあったら、もし頭ではなく尾を前にして進んでいたら、進化の歴史はわたしたちの想像を超えて大きく異なっていたことだろう。けれども、たくさんのカンブリア紀の生物が運よく残っていたおかげで、わたしたちは今こうして過去を知ることができる。ピカイアのような生きものはたんに運がよかっただけだと述べるのは失礼だろう。彼らはれっきとしたサバイバーだ。海の世界で生命が開花したころ、何か別の、まだよくわかっていないものごとが進行していた。無脊椎動物で賑わっていた世界に対抗するかのように、脊索動物の夜明けは少しずつ始まっていた。そしてそのような状況を背景に、もうひとつの偶然のできごとが大きな可能性を切り開いた。世界はまもなく初めて骨と出会うことになる。

# 第2章　骨の生い立ち

どのような科学分野にも有名人がいる。物理学ではアインシュタイン。化学にはマリー・キュリー。進化学はチャールズ・ダーウィン。そして古生物学ではふたり、オスニエル・チャールズ・マーシュとエドワード・ドリンカー・コープだ。たがいにこれでもかというほど忌み嫌いあっていたので、ふたりの名が必ず一緒に語られると知ったら、気分を害することはまちがいない。

このふたりの化石ハンターの果てしない敵対感情は徐々に発展したものである。実際、当初は友人だった。ふたりはそろって、一九世紀後半に古生物学の先駆者を志していた若きアメリカ人科学者だった。その分野はアメリカではまだ学問として根を下ろしていなかったため、ドイツの権威から少しずつ情報を集めようとしているうちにたがいに知り合い、やがてそろって東海岸の学界に腰を落ち着けた。初めて出会ったころの、生涯を通じても数少ない友好的な出会いの記録はほとんど残されていないが、それなりにうまくいったようで、一八六八年、コープは自分に先史時代の化石を豊富に供給し続けていたニュージャージー州南部の泥灰土採掘場へマーシュを招待した。

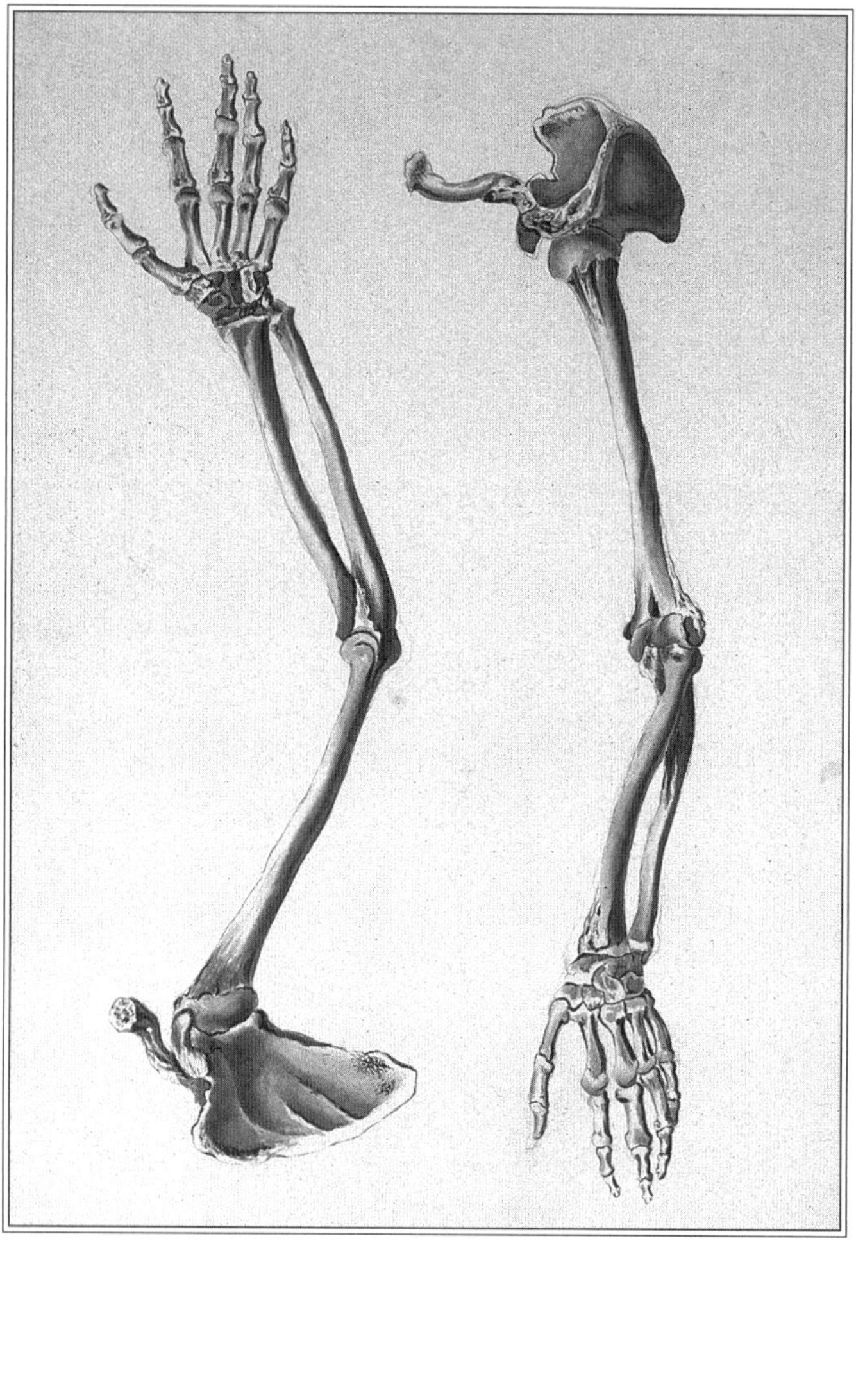

採掘場との取引は得策だった。緑砂には肥料として使われることの多い海緑石というミネラルがふんだんに含まれている。採掘場で働く鉱夫は頻繁に、六六〇〇万年以上前のニュージャージー海岸にいた生物の残骸に出くわした。カメやワニなどはそれとわかるが、恐竜の一部やモサザウルスと呼ばれる巨大な海のトカゲの化石などもあった。分析して記録すべき化石の山をまるまる所有しているだけでも博物学者にとっては願ってもないことだが、さらに喜ばしいことに、裕福なコープは堆肥を自分で掘る必要がなかった。採掘場で土をかき出す鉱夫によい標本があったら届けてくれるよう金を払えばよいだけだった。一方のマーシュも——一八六六年にこの甥のためにイェール大学に博物館を創設した寛大なジョージ・ピーボディを伯父に持つ裕福な家系出身の野心的な男で——同じことをするだけの資産があった。コープのもとに届く化石に科学的可能性を見出したマーシュは、西方フィラデルフィアにあるコープの研究室ではなく、北方コネティカット州ニュー・ヘイヴンにある自分の所蔵庫に骨を送るよう鉱夫に金を握らせた。

それはまさに古生物学界に銃声が響き渡ったも同然だった。マーシュに卑劣な手段で裏切られたとコープは激怒した。その無礼な行為がその後何年も続く数知れない口論の始まりだった。すばらしい才能を持ってはいたが傲慢なふたりは犬猿の仲になった。つねに相手を出し抜こうと必死になった。生物種の定義説明を遠い西部からわれ先にと電報で送ったり、私財を投げ打って並はずれた頻度で論文を発表したりして、両者は実質的に古生物学の分野全体を小競り合いに巻き込んだ。

その影響は悪いことばかりではない。ふたりが張り合ったおかげで世界はトリケラトプス、ブロントサウルス、ケラトサウルスなど中生代の有名な恐竜を知ることになり、また古生物学界が変わることにもなった。ひとつの生物群に偏ることなく、気の向くままに魚類、爬虫類、両生類、鳥類、哺乳類について記録を残したコープとマーシュは、幅広いさまざまな動物に関する専門知識を持つ最初の古生物学者となっただけでなく、アメリカにおける次の世代の古生物学者を雇って育てもした。それでも、コープとマーシュは長いあいだ恨みあっていた。[13] 一八七三年には、コープが自分の論文を発表するためにすでに買収していた科学誌アメリカン・ナチュラリストの編集者がついに「当該の著者による論争が個人的なものになっており、またナチュラリスト誌はそのような動機にこれ以上スペースを割く義務はない［ため］、議論の継続は著者の実費で付録という形においてのみ継続される」と読者に通達して、ふたりの競争に油を注ぐ論文の受け入れを拒んだほどだった。けれども両者の衝突は少しも収まらなかった。一八九〇年になってニューヨーク・ヘラルド紙が「科学者の激しい戦争」という見出しで論争を暴露したため、ほかの古生物学者は、まるで自分たちの職業全体が公の場で泥を塗られたような気持ちさえ味わった。結局のところ、勝者はいなかった。数十年ものあいだ、たがいを出し抜こうとしていたために、個人の資金が底をつき、ストレスで体を壊したのである。だが、一八九七年、化石と爬虫類のペットに囲まれて、自分の博物館で最期を迎えてもなお、コープは負けを認めようとはしなかった。来世にまで骨戦争を持ち込む腹づもりだったのだ。

コープの死因は正確にはわかっていない。若いころの夜遊びが原因で梅毒に倒れたといううわさを裏づける証拠はない。彼は長いあいだ慢性の感染症に悩まされ、膀胱や前立腺とその周辺組織に問題を抱えていたが、おもに自己流で服薬していた。友人は痛みを和らげる外科手術を勧めたが、頑として受けなかった。コープの伝記を書いた歴史家ジェーン・P・デヴィッドソンによれば、当時はまだそうした治療が始まったばかりで、誤って性的不能になる可能性があったことがコープには耐えられなかったようである。[14]彼はひたすらベラドンナ――有毒植物で、これが彼の死を早めた可能性もある――を飲み続け、調子がよければ科学論文を書き、死ぬまぎわまでマーシュとの競争に徹した。彼には策があった。一八九七年四月一二日に亡くなる直前、コープはイェール大学の宿敵に対して、どちらが最高の古生物学者であるかという問いに最後の決着をつける生物学的な挑戦をしかけた。

コープは自分の肉体にはあまり関心がなかった。筋肉とほぼすべての重要な臓器は焼かれて灰になり、フィラデルフィアのウィスター研究所に安置された。だが、それ以外の部分については別の要望が残されていた。「葬儀のあと、遺体を人体測定協会に運んで検死解剖を行うこと」。コープは遺書にそう記し、未来の研究のために「脳を標本として保存する」よう求めた。これは彼の最後の決闘だった。自分の両耳のあいだにある灰色の物質は絶対にマーシュのものより大きいと確信して、脳を提供して重さや大きさを計測してもらおうとしたのである。しかしながら、コープの宿敵がその誘いに乗ることはなかった。自分が愛した化石ほど原始的ではないけれども埋葬を選んだマーシュは、一八九九年、一生を捧げた博物館からそう遠くない墓地に埋められた。

紛失された、あるいは盗まれたというわさに反して、コープの脳は現在もウィスター研究所の液体の墓に眠っている。そして、彼の弟子H・F・オズボーンが呼ぶところの「博物学の師」の残りの部分もそれほど遠くない場所にある。コープは脳にくわえて、陳列しないという条件で骨格も科学のために残していた。コープはグローヴァー・クランツとは違って死後の演出は望まなかった。それは、当時の科学界の雰囲気とも一致している。そのころ、恐竜などの化石生物は一般市民ではなく科学者の目に触れればよいと考えられていたため、アメリカで公開されていた恐竜も、一八六八年に自然科学アカデミーに作られた、アヒルのようなくちばしを持つハドロサウルスの模型だけだったのだ。[15] したがって、洗浄されたコープの骨は人類学の学生の教育向けに鍵のかかる場所に保管されている。

コープに関してはほぼすべてがそうなのだが、やはり憶測とうわさが彼の骨を取り巻いている。ほんもののコープの頭蓋骨は何十年も前に落とされて、修復できないほどばらばらに割れたといううわさをときどき耳にするけれども、彼の頭蓋はそのままの状態で保管されている。ただ、不意に許可なく持ち出されたことはある。[16] コープの死から一世紀後、写真家のルイ・シホヨスと彼の友人ジョン・ノーバーが自分たちの著書『恐竜を追って Hunting Dinosaurs』で、X世代と呼ばれる一九六〇年代から一九七〇年代生まれの弟子たちとその古生物学の祖を対面させるために、一時的に頭蓋を持って姿をくらましたのである。また、それより広く知られている言い伝えとして、コープが自分の骨格をホモ・サピエンスの正基準標本、つまり代表となる標本にしたいと考えていたというものがある。この博物学者の大きすぎる自我を考えれば容易に信じられるが、こちらもただの伝説だ。それに、たったひとつの骨格がわたしたち人間の代表という肩書きを持つこと自体がむしろおかしい。正基準標本は同じ種のほかのすべての動物を比較するための生物学的基準である。人間の体の多様性を考えれば、ひとつの骨格を人間らしさの典型として示せば問題が生じるのは目に見えている。次に買いものか映画館に行ったときにそれについて考えてみればわかる。あたりを見回して、そこにいる人々のうち、だれかひとりがわたしたちの種の「代表」になるとしたらどうだろう。そのような方法は、自分たちの幅広い多様性を見えなくしてしまうような偏った表現方法である。ひとりで人類すべてを代表することなどだれもできない。

それでも、クランツ同様、コープもまたこの先の物語にとって有益な出発点となる。コープはまさにあなたと同じように、三〇万年前に誕生したときからわたしたち人間の証しである全部で二〇六個ほどの同じ骨を持っている。[17] あなたのものも含めて、人間の骨はいずれも、少しずつ何かが加えられては新しいものへと姿を変える生命の連続体の一部として、正確に理解することなど不可能な太古にまでさかのぼる歴史を秘めている。わたしたちの骨格の配置は、骨の誕生から現在にいたる進化の時を通じて作り上げられたモザイクなのだ。それを語るにはあまりにもたくさんのものごとを網羅しなければならず、パラパラ漫画のようなスピードで進める以外に方法がないのだが、骨の原型を作り、関節を発達させ、骨を失い、現在のホモ・サピエンスにつながる形へと姿を変えたいくつかの種について語っていこうと思う。うまくいけば、自分の体を眺めたときに、肉づきのよいヒレを持つ古代魚、鼻をクンクンさせていた原始哺乳類、最初の霊長類など、博物館の展示室で体内の構造を披露しているわたしたちの親戚をそこに見ることができるようになるだろう。

かくも劇的かつ継続的な変化を扱う場合には前後関係がすべてである。では、話をスタートに戻そう。

およそ一三八億年前、ビッグバンによって宇宙が誕生した。この偶然のできごとはやがて骨――とそれ以外のすべてのもの――の基礎となる要素を形作った。その後、本書の内容に関するかぎりは九〇億年の静かな状態が続いた。およそ四五億四〇〇〇万年前、大量の宇宙塵とガスの雲からわたしたちの地球ができ始めた。それからさらに四億年経ったころ、初期の地球は原始惑星ティアに衝突されて、現在わたしたちが立っている地球とそれを回る月になった。この時点でまだ骨ははるか彼方である。生命誕生の引き金となった、いまだ謎に包まれている事象が起きたのは三七億年前だが、その最初の生命体は化石記録に残る可能性を高められるような硬い部位を持ち合わせていなかった。そうした初期の生物の存在がわかるのは、それらがすぐに世界を変え始め、自分たちの生命を維持する過程で酸素を排出し、生きていた証しとして岩にさび色をした帯状の汚れをつけたためである。そして気が遠くなるほど長いあいだ、生命は一面を覆う藻類を超えて進化することさえできずに、同じ状態を保ち続けた。それから、大陸が移動し、気候が温暖期から寒冷期、そしてまた温暖期に戻る周期を繰り返し、地球は生命に満ち溢れた「微生物の惑星」となった（数で言うなら、現在もそうである）。言うまでもなく、その時期に大きな変化が起きた。細胞がほかの細胞を取り入れてより複雑な生命体を作り、いくつかのＤＮＡが細胞内をゆらゆらと漂うのではなく単一核に包まれるようになった。けれどもわたしのような脊椎動物の化石ファンにとっては、今から五億年くらい前まではかなり退屈な状態が続く。そこでようやくカンブリア爆発と呼ばれる現象が起きて、ピカイアやアノマロカリスなどの有名なバージェス頁岩動物群を含む、かつてないほど多種多様なすばらしい生きものが繁栄し始め、今日までそれが続いている。

ピカイアの時代でさえ、骨はどうひいき目に見ても遠い未来のものだった。条件が異なれば、そのまま骨がなくても十分生きていけたかもしれない。骨の前身は四億五五〇〇万年前、カンブリア紀の終わりから三〇〇〇万年後まで出現しなかった。体内で枠組みの役割を果たす骨のようなものがようやく姿を現したのは四億一九〇〇万年前である。わたしたちが骨のある指でこうした時代をさして「なるほど、ここが人間の物語のスタート地点か」と述べることはできるが、骨組織の起源は華々しくも何ともなかった。初めて骨を持った甲冑魚はその新しい組織を喜びもしなかったし、ぴくぴく動く小さな体をこの最新で最高の骨組み素材で覆うようただちに求めたのでもなかった。もしも当時の甲冑魚が語り合うことができたなら――あごがなかったのでかなり無理があるが――骨を一時的流行とみなしたかもしれない。骨はたんなる進化の偶然であり、それがたまたま信じられないほど回復力があって、しなやかで、長い時を経て驚くべきさまざまな生物を形作るために役に立っただけだ。

骨はわたしたち人間と、惚れ惚れするようなたくさんの動物の多くを可能にした。骨は海にいる多くの魚や陸上から水中に戻った生きものにとって不可欠な構造であり、わたしたちの祖先が陸に上がる決定的要因だった。骨がなければ人類が誕生しなかったばかりか、重力に逆らって立ち上がるために強力な支えを必要とする、わたしたちの大好きな先史時代の不思議な生きものたちはどれも存在しなかっただろう。内部に柔軟な骨の枠組みがあったからこそ、体長が五センチに満たず、体重が一五グラムもなくて、ほとんど空気のように軽いマメハチドリくらいのものから、体長三七メートル、体重六三トンで、前にも後にも地球上を闊歩したなかで最大のものまで、恐竜はさまざまな大きさになることができた。マンモス、巨大なナマケモノ、サーベルタイガーはもちろん、ありとあらゆる先史時代の脊椎動物もみな骨をもとに成り立っている。骨のおかげでさまざまな形や大きさのすばらしい解剖学的構造が発達しなければ、陸上の世界は節足動物などの無脊椎動物に譲られてしまったかもしれない。地球上の生命体は目を疑うほど現在とは異なる姿をして、はるかに小さな規模で発展していたかもしれない。ハリウッドの低俗な映画とは異なり、陸上の無脊椎動物は、脊椎動物ほど大きく発達することはけっしてなかっただろう。かつて大気中の酸素濃度が現在よりもかなり高かったときには、全翼長約六〇センチの巨大トンボや全長約一八〇センチのヤスデが存在したが、外骨格は内骨格ほど大型化できない。体が大きくなればなるほど、内臓すべてを外から押し込めるのは、内部で支えるより難しくなる。映画『放射能X』に出てくるような体長三メートルの巨大なアリや、フォルクスワーゲンビートルのようなサイズのゾウムシは、一瞬で裂け目から破裂してしわしわの塊になってしまうだろう。

骨はわたしたちの体内で、それがなければ実現されなかった数々の可能性を切り開いた。毎日感謝と賛美を繰り返しているわけではないだろうが、古生物者がありがたく思っていることはまちがいない。骨は長い年月を通してどのように生物が変化してきたかを示すもっとも貴重な記録である。サメについて考えてみよう。サメにも骨格はあるが、実際には骨よりしなやかな軟骨と呼ばれる物質でできている（人間の鼻先や、耳の体外に出ている部分を支えているものと同じ）。したがって、サメの化石記録ではおもに歯をたどる。たいていの場合、腐敗と化石化に耐えられる体の部位がそれだけだからだ。けれども硬いミネラル成分を含む骨は、ほかの組織が消え去っても残ることが多い。もし骨が生まれなかったら、あるいはもし祖先がそれ以外の物質でできた骨組みを持っていたら、現在残っている記録は例外的に保存状態のよいものだけになってしまっただろう。一歩下がって骨の美しさ――ひとつひとつに個性のある、体内構造の生物的建築美――を堪能してみればわかる。わたしたちがあたかも芸術作品のように古い死者を博物館のホールに飾っているのもうなずける。ダ・ヴィンチでもこれにはかなうまい。

骨格の物語が、各部分を積み重ねただけの一直線の進化を遂げていたらどれほど好都合だっただろう。だが、そうはならなかった。ピカイアのような動物が脊椎動物の体の基本となる設計図を作ったのだとしても、骨の起源、つまりゆくゆくは体を支える骨となる組織の出現は、内から外へ、ではなく外から内へという遠回りをした。その物語は進化の偶然というフィルターを通さなければ理解することはできない。世界初の骨の構造へとわたしたちを導いてくれる初期の魚たちに目を向けるとしよう。

現在骨として知られている物質へとつながる原始的な組織は、四億五五〇〇万年前ごろに誕生した。それはアスピディンである。この丈夫な物質とほんものの骨とのあいだには根本的な違いがあるため、異なる名前が必要だ。なぜならアスピディンは無細胞だからである。それを初めて聞いたとき、わたしはなかなか事実が理解できずに四苦八苦した。わたしたちの体内では、細胞が組織になり、組織が系になる。骨においても細胞は共通項だ。けれどもそれは現代の傾向である。アスピディンはやがて骨へと進化する物質だが、構造的にはわたしたちの口にしっかりとはめ込まれている歯に似ている。それは初期の魚類にセメントのように付着していた。わたしたちの骨のように変化したり成長したりしなかった。むしろ、古代の脊椎動物と外界のあいだで、壁のようにがっちり固まっていたのである。

アスピディンが生まれたとき、海は厳しい環境だった。そこにはえものを粉砕する口、がっちりと捕まえる付属肢、ハサミのような腕、水中をすばやく移動しながらえものを検知する複眼を持った捕食者がいた。甲冑動物ならば、生き残って、子孫にその解剖学的偶然を伝えられる可能性が高い。脊椎動物は、五億五八〇〇万年以上前に最後の共通の祖先から節足動物と枝分かれしたときに、柔軟なケラチンの殻を持つ機会を失っていた。[18] 大陸の移動と侵食によって海に流れ込んだ炭酸カルシウムの過剰供給から生まれた骨は、わたしたちの遠い親戚が直面していた危険に対する斬新な対処法だったのだ。要するに、生命には身を守るためのよろいが必要で、そのための原材料が十分にあったということである。

しかしながら、時間の経過とともに、骨は動かない組織からより柔軟で反応性のある形、自分自身を再生して損傷から回復できる物質へと変化した。その最初の形跡はオステオストラカンと呼ばれる魚のグループに見ることができる。甲羅のついたオタマジャクシを思い浮かべればこの魚のだいたいの姿を想像できるが、外骨格と小さな脳の囲いにその物質がある。結果として骨は大成功だった。まもなく古代の海は骨に身を包んだ不思議な魚であふれかえるようになった。コープその人もアンティアルクなど、いくつかに名前をつけている。それらは後部から尾が飛び出ているロボット掃除機ルンバのような姿の甲冑魚で、あごのない口から小さなえさを吸い込んでいた。だが、話はそこで終わりではない。ひとたび骨が誕生すると、あごへの道が開かれたのである。アンティアルクと並んで泳いでいたのは、より手ごわい節頸類——骨のよろいに覆われて、噛みつくことのできる魚だった。なかでも有名なのはダンクルオステウスで、ホオジロザメ並みに大きく、世界最大のホチキス針リムーバーに似た大ばさみのような顎を持つ捕食動物だった。一方、ティタニクティスのような性格の穏やかな巨大魚もいた。こちらは先ほどの恐ろしい同類と同じくらいの大きさだが歯は最小限で、えさをむしゃむしゃ噛むというよりフィルターのようにろ過して食べていたと思われる。

骨や骨格の背景と同じように、あごの起源も一直線のわかりやすい物語ではない。古生物学者と解剖学者はいまだに、わたしたちの体にとって不可欠なこの部位がどうやってできたのかについて、初期の魚類のエラのアーチから変化したのか、それとも別の方法で進化したのかと議論している。やがて化石記録から判明する事実が何であったとしても、あごはじつに便利なメカニズムである。最古の魚にはたんにえさが入ってくる開口部があっただけだった。それに対して、あごがあるということは、動物が口に入ってくるものをコントロールできるということである。あごはまた呼吸も助ける。それはサメが海底で休みながらあごをポンプのように使ってエラから水を出すのでも、走って息切れした人間が口を開けて空気をたくさん取り入れるのでも同じだ。あごなくしてマラソンは存在しないし、そのちょうつがいがなければピーター・ベンチリーの小説『ジョーズ』（あごの意）は「咽頭裂」やたんに「穴」と名づけ直さなければならないうえ、同じインパクトは得られない。

最初のあごを形作ったものと同じ基本的な骨の要素は古くから存在していたが、その進化の革新を実現させるためにはいくつかの変化が必要だった。まず、口を動かす空間を確保するために頭蓋骨の形が変わらなければならない。そこには鼻の通気管をそれぞれ分けて、鼻下垂体管と呼ばれる口とつながっている管状器官を切り離す作業も含まれる。嚙むという行為の前に必要な頭蓋骨の再編自体がそもそもひとつの可能性でしかないわけだが、幸運なことに最近の化石の発見からそうした変化について少しわかってきている。

化石魚エンテログナトゥス・プリモルディアリスがその主役だ。[19] 名前が「原始の完全なあご」を意味するエンテログナトゥスは、まさしくその名に恥じない姿をしている。四億一九〇〇万年前のエンテログナトゥスはあごの初期の時代に暮らしていたが、その古い解剖学的構造にはあごがどのようにできあがったのかを示す移行期の特徴が保たれている。全長は一〇センチほどしかなく、立体的に保存されている骨格そのものは、魚の形をしたカメの甲羅にカメが入っていない状態のように見える。この魚の外観全体はでこぼこの外骨格の形が特徴づけているが、丸くなった鼻先の下に小さなあごがある。かなり初期であるにもかかわらず、この魚は、骨のある魚や、人類を含むその子孫と同じように、上あごと下あごを作るために重要な前上顎骨、上顎、歯骨の組み合わせを持っている。そのためエンテログナトゥスは最古の有顎動物、つまりあごを持つ脊椎動物ということになる。

この古代魚と人類との結びつきが重要だと今ここで強調したいのはやまやまだが、あごは、生まれた当時はまだ進化の流れを一変させるものではなかった。あごを持った最初の魚は競争相手をむさぼり食いながらすいすい泳いでいたのではない。ここでもまた、状況を左右したのは思いがけないできごとだった。時が経つにつれて、またあごのない多くの魚を一掃した大量絶滅の影響もあって、有顎動物は周囲の脊椎動物のなかでもっとも多様なグループになったのである。そしてひとたびあごがあれば、歯も生まれる。

歯とあごの起源は同じ場所に根を下ろしている。板状の骨が初期の脊椎動物だったわたしたちの祖先を外界の危険から守っていたあいだ、歯のもとになる古代の組織もそこに存在していた。あごのない初期の魚が持っていた骨のよろいには、骨よりはるかに硬く、ミネラル化した組織（だからこそ歯は咀嚼に適している）、象牙質とエナメル質の前駆物質が点在していた。そしてあごが形成されるとき、歯もそれに便乗した。偶然発見されたひとつの化石にその成り立ちが示されている。

コンパゴピスキスは四億二〇〇〇万年前、あごが大量に増えた時代に生きていた。[20] この魚は、エナメル質のような普通の歯の組織ではなく骨のよろいでできた切れ味のよいあごを持つ恐ろしいダンクルオステウスと同じ、板皮類の仲間である。ところが古生物学者が幼魚の標本のあごの内部を見ようと高性能X線をあてたところ、何とほんものの歯が見つかった。その小さなとがったものの外側は硬い象牙質で覆われており、歯に栄養を送るための歯髄の穴まであった。成魚にはこれらがないことを考えると、結論は明らかだ。コンパゴピスキスには生まれたときには歯があったが、歳をとるにつれてすり減り、ぎざぎざの歯があごに道を譲って、あごの硬い骨が酷使されていたのである。この発見は、歯も骨と同じように体の外に起源があったとする説を裏づけることにもなった。古代魚のものであることが明らかな初期の骨の標本箱には、甲羅から突き出ていた象牙質とエナメル質の組織——わたしたちの歯の核と外側を形作っている硬い組織——が入っている。その棘は動かないけれども、その魚を捕まえようとする捕食者を反撃する手段だった。脊椎動物が歯のようなよろいを失っていくあいだ、この突起物は初期のあご周辺にとどまり、ちょうつがいのなかに埋め込まれたのである。コンパゴピスキスの幼魚が示しているように、それが動物の一生を通して半永久的に使えるものになるのはそれから何百万年も経ってからだが、歯の登場からまもなくして地球上ではものが噛めるようになった。

このあたりまでくると、脊椎動物はだいぶわたしたちに似てくる。巨大なはさみのようなあごでえものを切り裂く肉食魚と自分とのあいだに直接の類似点はあまり見られないかもしれないが、基本的な部位のほとんどはそこにある。見ればそれとわかる頭部、背骨、あご、そして歯だ。さらに、一部の魚の系統では内部の枠組みの骨化が始まっていた。これはわたしたち自身の体内で起きているプロセスが長期にわたって生じているのと同じで、軟骨やときにそれ以外の組織がカルシウムに浸り、ほんものの実質的な骨になるのである。古代魚の体内で最初の内骨格が形作られるにつれて、ピカイアのような原始脊椎動物によって定着した軟組織の基礎構造が、背骨と頭蓋骨に沿って硬化し始め、体内を守り、保護するようになった。これこそわたしたちの骨のなかにある矛盾である。生物学的な建築素材である骨は体の外側を守るために進化してから、内部の足場用に取り込まれた。骨は外から内へと進化したのである。わたしたちの骨格は体内に沈み込んだよろいなのだ。そしてこの重大な時期にはもうひとつ、今ここで書いている内容にとって必要不可欠な変化が起きた。魚にヒレがついたのである。

わたしたちにある二本の手と二本の足は、なるべくしてそうなったのではない。あまりにその状態に慣れきっているために、ＳＦやファンタジーでは、人型の宇宙人や怪物を表現する簡単で手っ取り早い方法として、手や足が一本つけ足されている。しかしながら、わたしたちが別の進化の歴史をたどってきたなら、わたしは今ここに座って、手と足が合わせて二本、あるいは六本が普通の状態だと述べていたかもしれない。二対の付属肢があることに何も特別なことはない。たまたまそれがわたしたちの持つ手足の数であるだけだ。二本の手と二本の足には歴史的な理由がある。それもまた、古代の海にさかのぼる。

見た目は異なるけれども、わたしたちの手と足は驚くほど似ている。手も足も同じパターンに沿った構造をしている。すなわち、柔軟に動く指が、たくさんの小さな骨の付属する長い骨へと続き、ちょうつがいのような働きをするひじやひざの関節へと伸びている。手では橈骨《とうこつ》と尺骨《しゃっこつ》、足では脛骨《けいこつ》と腓骨《ひこつ》という二本の長い骨が、それぞれ上腕骨と大腿骨という一本の頑丈な骨とつながり、それが体の各部位と結びついている。これによく似た構造ははるか昔の祖先にも見ることができる。[21]

最初のヒレの起源はいまだ謎に包まれているが、魚の胸に相当する部位をはさむようについている胸ビレが、尾ビレより先に出現したことは化石記録から明らかになっている。どこかの時点で、少なくともひとつの個体群において、胸ビレを作る遺伝子のスイッチがしかるべきときにオフにならなかった。[22]この遺伝子調節の偶然のできごとによって尾にもまったく同じ対になったヒレが作られた。化石記録にはこの進化の飛躍が映し出されている。たとえば、中国の雲南（ユンナン）にある四億一九〇〇万年前の岩で、グイユ・オネイロスという名の小さな化石魚が発見されているが、その鱗のあるわたしたちの祖先の骨盤あたりに突き出ているヒレは胸から横に飛び出しているものと驚くほどよく似ている。表面的に似ているだけではない。それは地球上の生物にさまざまな可能性を切り開くことになった偶然のできごとのれっきとした証拠である。

およそ四億年前、脊椎動物の体の構造に必要な基本的要素はすでにそろっていた。古生物学者ニール・シュービンが思い出させてくれるように、わたしたちは体内に魚の部分を持っているだけではない。今でも魚なのである。生物をパノラマのように見渡せば、人間の骨格と、一九三八年に南アフリカの海底から新たに標本がさらいあげられるまで絶滅したと考えられていた深海魚シーラカンスのそれにはほとんど違いがない。重要に見えるような差異は、じつは規模の小さな改良でしかない。最近までE・D・コープの遺骨とちょうど町をはさんで反対側に眠っていた骨がそれを教えてくれる。

フィラデルフィアが氷に閉ざされた大雪からまもない二〇一五年二月の午前中に、三億七五〇〇万年前のロックスターと会う約束をしてあった。わたしはなかば滑りながら自然科学アカデミーまで歩き、入り口で宙に浮いている、鎌のようなかぎづめを持つデイノニクスの彫刻に軽くうなずいて挨拶してから、ありがたく暖かい建ものに入って、アカデミーの古生物学者テッド・デシュラーを呼んでもらった。寒さからというよりそこで会う相手への緊張から、わたしは若干震えていた。すぐに話を切り出すべきなのだろうか。とりあえずは世間話をしてテッドの近況を尋ねたほうがよいのだろうか。写真は撮影できるのだろうか。入り口の横にある恐竜の周りをぶらぶらしていると、数分後に収蔵庫のほうへ連れて行かれ、しばしの雑談ののちデシュラーが聞いた。「うちのアイドルに会いますか？」

アカデミーの収蔵庫はそれほど広くない。ずらりと並んだキャビネットのドアを開けるには十分だが、引き出しにていねいに収められた生物について書いてある技術論文と同じくらい自分が薄くなれないかぎり、その前に人が立つスペースはない。そこにはたくさんの歴史が保管されており、一センチたりとも無駄にできないのだ。デシュラーが適切なドアの鍵を開け、行ったり来たりしながら収蔵品のあいだにスペースを作って、中央の列から慎重にトレーを取り出すあいだ、わたしは邪魔にならないようあちこちに移動した。そのトレーの上で、古代の顔に満足げな笑みを浮かべて横たわっていたのは、ティクターリク・ロゼアエである。

わたしは以前、この有名な四つ足の魚の型取りと復元を見たことがあった。アメリカ中の博物館に複製があり、多くの場合、前ビレを曲げて水面の上へ目と鼻を持ち上げ、まるで人懐こいワニのような、生きていたときの姿に近い形でポーズをとっている。けれども、ほんものをこの目で見ることは何ものにも代えがたい。それらは、先例のない何かが始まろうとしていたまさにそのとき、しかるべくして生え、形を変え、この生きものがふたつの世界をぱちゃぱちゃと動き回るたびに動いた骨である。人間のような手ではないけれども、わたしたちの手足、肩、腰の単純な構造上の相関がすでにそこにある。それは、それまでの魚から、やがて永久に海を離れることになる陸上脊椎動物へと移行する途中の特徴だと考えられている。ティクターリクとの対面はうれしかった。それが有名だからでも人間の遠い祖先だからでもない。そもそもその魚に、数えきれないくらい前の世代の祖先としてきちんと挨拶をすべきだったのか、親しみを込めて「やあ、こんにちは」と言えばよかったのか、わかるわけもない。うれしかった理由は、その骨が代表している世界だった。今も残っているその骨を形成し、それらとたがいに影響し合っていた古代の環境はもはや失われてしまったが、思いがけず、知らないうちに体を化石記録として残したその生物を通して、わたしたちはなおもその環境に接することができる。

化石に感激したわたしは思わずデシュラーに向かって、ティクターリクは脊椎動物が海から陸へと這い上がった進化史の転換期のひとつを根本的に変えたのだと得意げに述べてしまった。デシュラーはそこで、凍るような寒さのエルズミア島でこれらの標本を掘り出すときに行ったすべての作業や、博物館に戻ってから謎を解き明かすために費やした膨大な時間を自慢げに語ることもできたはずなのに、一瞬の間をおいてからこう言った。「まあ、移行期のほかの化石と同じくらいには、ですね」。わたしは知識をひけらかすマニアのような自分の態度を若干恥じながら、そのとおりだと思った。ティクターリクの骨格は、化石を含むわたしたち人間の歴史において、もっとも重要な時期の物語を変化させた多彩な化石のひとつにすぎない。

脊椎動物が陸に上がるためにはいくつか大きな生態系の変化が必要だった。陸上の準備が整っていなければならないのである。[23] およそ四億七五〇〇万年前、まずは植物が陸に上がり、古代の海岸線に根を下ろした。その物語自体もすばらしい。水中でしか生きていけなかった種から原始の森の創設者へと進化するためには劇的な変化が必要だったはずだ。次に水面から頭をもたげたのは無脊椎動物である。およそ四億二八〇〇万年前、植物が地表を覆い、魚が噛む能力を獲得したころ、小さなヤスデのような節足動物が先史時代の海岸を這い回り始め、三億九一〇〇万年前までには、初期の昆虫が先史時代のサラダバーで草を食んでいた。[24] つまり、ティクターリクのような魚が波打ち際をウロウロし始める可能性が整ったころには、すでに植物は一億年、節足動物は五〇〇〇万年も陸上にいたのである。けれども、脊椎動物が陸地に移動するためには、それに適した体の構造以上のものが必要だった。理由が必要だったのである。そして結局のところ、それは、数千万年前に無脊椎動物を海から引き寄せたのと同じものだった。すなわち、食事である。

陸地で長い時間を過ごすことのできる魚は、近くにいる捕食動物にねらわれる危険から解放されただけでなく、競争相手のいない世界でごちそうにありつくことができた。[25] だれも食べない無脊椎動物のバイキング料理がそこにあったのである。しかしながら、ティクターリクやそれと同じような構造を持っていた四つ足の魚はおそらく、たとえ陸に上がったとしても陸上で長い時間を過ごしてはいなかっただろう。サンショウウオのようなイクチオステガやアカントステガは海岸線を闊歩できたとはいえ、水中のほうが居心地はよかったはずだ。水陸両生の陸上動物が脊椎動物に向けてまさに歩み始めたのは、三億六〇〇〇万年前から三億四五〇〇万年前くらいの時期になってからである。古生物学者はかつて、名の知れた化石専門家アルフレッド・シャーウッド・

ローマーがこの重要な時代に化石がほとんどないことを指摘したのにちなんで、その時期をローマーの空白と呼んでいた。だが、最近の発見によってこの謎めいた期間が埋まり、海を出たり入ったりしていた四足動物のすばらしい適応放散のようすがわかってきている。

ティクターリクを見に訪れたときにテッド・デシュラーが教えてくれたのだが、陸地への進出はいずれも指や足先の起源とは一致しない。魚類が両生類になって陸上でも心地よく過ごせるようになったのは何百万年もあとのことであり、その時期は地球史の一章としてようやく明らかになり始めたばかりだ。それを考えると、自分の手が少し異なって見えてくる。祖先から受け継いだその形は、容赦なく照りつける太陽の下で呼吸に苦労していた勇敢なうろこのある魚にとって取り柄ではなかった。その手は、泥のなかで体を押して動き回り、ときどき水面へひょいと飛び出して外骨格を持つおいしいえものを得るために、水中で進化した。そして、その後に続く生物にきわめてたくさんの可能性を切り開いたのである。

さて、まだ魚が海にあふれかえり、両生類が陸と水中のあいだを占拠するために進化していたあいだにも、脊椎動物の一群が恒常的に陸上で生活するようになった。それらは、湿った海岸線から離れても繁栄できるよう羊膜に包まれた卵を持っていたことから、羊膜類と呼ばれている。そしてそれから数百万年かけて、表面的にはトカゲのように見える一群が人間の系統図の基礎を築いた。単弓類――原始哺乳類と呼んでもよい――である。それらがたどった変化はこれまで見てきたものと比べるとささいなものだが、それでも今日の人間の体に大きな影響を与えている。

そのわたしたちの祖先の骨格は典型的な魚を土台に若干変化しただけのものだったが、祖先がトカゲのような姿から綿毛に覆われたイタチのような原始哺乳類になるまでのあいだに足されたものと引かれたものは一考に値する。たとえば、わたしたちの目には骨がない。

原始哺乳類の全盛期はおよそ二億九八〇〇万年前から二億五二〇〇万年前のペルム紀だった。背中に帆のようなものがあって恐竜とまちがわれることが多いが、どちらかといえばわたしたち人間に近いディメトロドンや、綿毛の生えた奇妙な生物群の時代がそこに含まれる。爬虫類を祖先に持つそれらの多くには強膜輪がある。これはたがいに結びついた小さな環状の骨で目のなかにぶら下がっている。ディメトロドンにもあった。鼻の長い豚のようなディキノドン類にもあった。剣のような歯のあるゴルゴノプス類にもあった。やがて哺乳類につながる系統のキノドン類にさえ、強膜輪を持つ例がある。けれども、わたしたち人間が属するキノドン類の系統の起源——長たらしい専門用語ではプロバイグナトゥス類——では、その目の骨が失われている。[26]大きさがその理由だったのかもしれない。

イタチのようなキノドン類のほとんどはほかの原始哺乳類と比べて小さかった。頭蓋骨は一〇センチほどで、体は現代のキツネと同じくらいである。それくらい小さなサイズなら、構造的に目を支える必要がない。大きな目では、調節作用と呼ばれる現象に問題が生じやすい。その作用は、目でさまざまな視界の奥行きを見分けて、ピントを合わせ続けるときの筋肉と関わっている。たとえば、魚によく似た海の爬虫類で、イカを探して暗い海中を尾でトントンとたたく深海の生物、イクチオサウルスには大きな目があるが、深海の暗がりのなかでえものに焦点を合わせ続けるために、それと同じくらい強烈な強膜輪を持っている。けれども、目の小さな小型の動物は同じ制約を受けない。虫を食べる小さなキノドンが、もっぱら視界の広さが重要ではない夜や暗がりで活動していたのであれば、なおさら必要なかっただろう。ただし、そうした変化が輪の喪失を決定づけたとまでは言えない。今でも強膜輪を持つ小さな爬虫類や鳥類はいるからだ。それでも哺乳類とその祖先の小型化が、目が柔らかくなる可能性を切り開いたのかもしれない。骨は折れやすいことを考えれば、おそらくそれはよいことだろう。目の骨折で救急処置室へ走りこむ必要がなくてやれやれやれである。

その時期にわたしたちの祖先が失ったものは目の骨だけではない。化石記録からわかるかぎり、原始哺乳類の祖先は腹骨を失い、最初の真の哺乳類の誕生までには背骨から突き出ている肋骨の数が少なくなった。わたしたちの体の土台をなしているものは今も、綿毛があって、鼻をクンクンいわせていたキノドン類のものである。呼吸が重要な要因だったのかもしれない。ディメトロドンなどのむしろトカゲのような原始哺乳類を思い浮かべてみればわかる。それらはおそらく隔膜を使って呼吸していたのではなく、トカゲのように肋骨を活発に動かして肺へ空気を送っていた。体を左右に動かして進む動きもまたトカゲに似ている。そのためディメトロドンやそれとよく似た原始哺乳類は走りながら呼吸をするという能力に制限を受ける。静かなところで食事をするために走って逃げるか、実際にその場でそれを食べるかの選択を迫られるのである。けれどもわたしたちの祖先のキノドン類やそれと同類の原始哺乳類は、左右に揺れ動くのではなく、現在の哺乳動物が走っているときのように体を地面から離してその状態を保ったまま、どちらかといえば上下の動きで移動したため、そこに新たな進化の道が開かれた。彼らにはごつごつした地面から身を守るための腹骨も、内臓を脈打たせるためのきわめてしなやかな肋骨も必要なかった。胸郭はしっかりと支えるだけのものでよく、その内側にある組織が代わりに動いた。つまり、キノドン類は走るために生まれた原始哺乳類だったのである。

そうした動きと揺れ方はまた、この初期の獣に、わたしたち人間の骨格のなかでもっとも奇妙な骨を与えた。それは足の上下の骨のつなぎ目にある丸い椀状の骨、膝蓋骨《しつがいこつ》である。なぜそれが風変わりなのかというと、膝蓋骨は腱のなかにある種子骨だからだ。膝頭とそれ以外の骨格とのあいだは硬い物質でつながっていない。膝蓋骨はちょうど大腿骨と脛骨がぶつかる部分の真上で、四頭筋と膝蓋腱によって固定されている。赤ん坊のときは軟骨だが、三歳ごろまでには完全な骨に変わる。

膝蓋骨を持っている生きものは人間だけではない。膝蓋は少なくとも鳥類に一度、トカゲ類では何度も、哺乳類では複数回出現しており、そうした系統の生物ほぼすべてがジュラ紀のどこかでそれを獲得していた。なぜなら膝蓋はきわめて便利な骨だからだ。鳥でもネコでも人間でも、この奇妙な骨は、動物が立ち上がって移動するときにその体重を支える、てこのような役割を果たすことができる。また足をまっすぐに伸ばすためにも役立つ。馬などの動物では、膝蓋骨は立ったまま眠るときにひざを固定する「静止し続けるための器官」のひとつである。ただしそれらは現代の動物の特徴としては割合に特化した形だ。骨を支える腱も骨自体ももっと細くて未発達だった膝蓋骨が、初めて誕生したときにどのような役割を果たしていたのかはほとんどわかっていない。何らかの基準を超えて、たまたまひざに種子骨を持っていた個体のほうが走るときの衝撃に耐えやすく、幸運にもその傾向を持つ子孫をたくさん残したというだけのことかもしれない。今のところだれにもわかっていないが、骨がみな何らかの道しるべだとしたら、膝蓋骨もまたわたしたちの骨格を作りあげるために役立った、幸運な偶然だったのかもしれない。

原始哺乳類はもうひとつ、少なくとも目で見ただけではよくわからない影響をわたしたちの骨に与えている。指であごの裏をたどっていくと耳の下にツボがある。耳の穴が頭蓋骨に潜っていくその場所に外耳道と呼ばれる通り道がある。そこは内耳への入り口で、その空洞のなかに砧《きぬた》骨《こつ》、槌骨《つちこつ》、鐙骨《あぶみこつ》と呼ばれる三つの骨がある。

この三つは内部の深いところで、巧妙なからくり漫画でよく知られるルーブ・ゴールドバーグの絵のように組み上がっている。耳の穴の奥に鼓膜がある。茶碗のようにへこんだ太鼓の皮が入り口に張られていると考えればよい。槌骨がその膜につながっており、砧骨、そしてその後ろに鐙骨が続いて、振動が順に内耳に伝わる構造になっている。何か問題がないかぎりわたしたちはそうやって音を聞いている。いつもその状態だ。自分の指がパソコンのキーボードをたたいている音、横に置かれたスピーカーから小さな音量で流れているロックバンド、レッド・ツェッペリンの「丘のむこうに」、そして脇の長椅子にいる愛犬ジェットのいびきがわたしに聞こえるのはこの三つの骨が休みなく働いているためである。

原始哺乳類の祖先のおかげで、わたしたちの耳の骨はあごの一部が変化したものであることがわかっている。わが友ディメトロドンのような初期の原始哺乳類の下あごを見ると、骨がパズルのようになっている。けれどもキノドン類の祖先までたどっていくと、下あご後部の骨がどんどん小さくなっていき、最後にはあご全体が歯骨と呼ばれるひとつの骨になる。ではそれ以外の小さな骨はどうなったのだろう？　キノドン類では耳のようなものが音と思われる振動を拾い上げるために最適な場所にあり、まさにその役目を果たすように変化していた。つまり、あごと耳は同時に進化したのである。これは、進化によって理解を超える変化がもたらされることを示す、すばらしい例だろう。わたしたちの祖先の食べ方が、周囲の音を注意深く聞くための敏感な耳を持つきっかけとなったのだ。そのおかげで現代生活のいたるところに流れている音楽を作れるようになったことは言うまでもない。原始哺乳類の祖先がいなければ、エレキギターはなかった。だれがそのような世界で暮らしたいものか。

それはさておき、わたしたちの骨格を時系列順に続けて追っていこう。生物史の次章にあたる中生代は哺乳類が爆発的に増えた時代だった。その小さな獣は恐ろしい恐竜の足元で暮らし、一般に体も小さいままだったが、その初期の哺乳類とて進化をさぼっていたわけではない。古代のリスやハリネズミから恐竜の赤ん坊を食べるアナグマのような種まで、それらは驚くほどさまざまな生態的地位と体型に多様化して繁栄した。しかしながら、その話はまたの機会にしよう。ここでは恐竜支配の頂点、現在のユカタン半島に小惑星が衝突する前のありふれた一日に、最初の霊長類が誕生したときの物語を取り上げる。

実際には、最初の霊長類という称号にふさわしい動物はひとつではない。正しくは、遺伝子も解剖学的構造も絶えまなく変化し続けていた、さまざまな個体と個体群を含む哺乳類群である。それでも、最初の霊長類がその他の哺乳類から枝分かれした時点――プルガトリウス・ウニオと呼ばれる生きもの――まで、化石の道しるべをたどっていくことは可能だ。苦行を意味するその名は、恐竜王国の末期まで苦難の道を歩んだのちに、湿度の高い森で樹上を駆け回ることのできる、広くて新しい天国のような世界を手に入れた哺乳類にまさにふさわしい。

プルガトリウスの正確な姿は明らかではない。モンタナ州のパーガトリーヒルで最初に発見された破片からわかることだけである。骨格の完全性という意味ではかなり貧弱なその歯、足首の骨、その他の破片は、それでもプルガトリウスについて、そしてわたしたち人間の体の構造との関連性について、いくつか重要なものごとを映し出している。

この原始霊長類の足首はすでに枝から枝へと飛び移るために適した形になっていた。それはちょうど、おいしそうなタネや果実をつける木が進化して広がった時期と重なる。恐竜はさておき、その環境は霊長類にとっては天国だった。プルガトリウスの骨格のほとんどはまだ発見されていないけれども、虫を食べていた哺乳類と、その後のややリスのような動物種――専門的にはプレシアダピス類――の中間にあたることから、古生物学者はキネズミのような姿を思い浮かべることが多い。プルガトリウスが熟した多肉の果実で重く垂れ下がった枝を駆けて、後ろ脚でしっかりと枝を摑んで腰をかがめ、器用な前脚で甘い匂いのする果実をつかんでもぎとってから、あまり人目につかない場所へとそのおやつを運んでいく姿を想像するとよい。

この原始霊長類の生きている姿を見ることができたなら、おそらく鼻の長いリスだと思って見過ごしてしまうだろう。霊長類がほかの哺乳類から枝分かれしたことはまちがいないが、親指とそれ以外の指が向き合ってものをつかむことのできる手や、まっすぐにこちらを見返す正面を向いた目という、本能レベルでわたしたちに語りかけてくる重要な特徴はこの時点ではまだ備わっていなかった。プルガトリウスやそれとよく似た霊長類は、さまざまな解剖学的構造の可能性のなかからそうした特徴が生まれる土台を作っただけである。そして現代人につながるそうした遺伝的特徴をわたしたちの祖先に与えたのは樹上生活だった。

現代の霊長類はみな目が前を向いている。これは霊長類のしるしであり、わたしたちの祖先をつけねらった捕食動物の多くにも見られる特徴である。その理由は、目が前を向いていると双眼鏡のようにものを見ることができ、距離を正しく推し量ることができるからだ。それは木の上で生活するにあたって便利な特徴である。動物の生息環境はどこでも縦、横、奥行きの三次元だが、場所によってその度合いが高まる。枝のあいだを飛び移ったり、よじ登ったりする生活では、距離を判断する能力に秀でていなければならない。さもなければ落ちてけがをしたり、死んだりしてしまう。くわえて、初期の霊長類はおそらく虫も捕まえていた。[27] 代謝のメカニズムを考えれば、この小さくてよく動き回る哺乳類は頻繁にえさを手に入れなければならなかったはずである。体が小さければカロリーの消費が早く、メガネザルやネズミキツネザルのような現代の小型霊長類と同じように、虫は非常にすぐれた高エネルギー源だ。そこで双眼鏡のような視界の必要性が倍増する。複雑な環境ですばやく動くえものを捕まえるため、彼らは次の枝やおいしい甲虫はどこかを正確に知る能力を獲得しなければならなかったのだ。わたしたち人間に新たな世界の扉を開ける器用な手についても同じことが言えるだろう。もし初期の霊長類が現代の同類と同じような生きものだったなら、口から先にえものに飛びつくことはしなかったはずだ。脚と尾を使って枝の上で体を安定させて、ハエや甲虫を手でつかんでから、えものの外骨格にかぶりついたことだろう。器用な手があれば果実や葉をむしり取るだけでなく、しっかりと何かをつかむこともできる。霊長類としてはわたしたちと遠い関係にしかないが、空中の蛾を捕まえようとするネズミキツネザルの姿を、始新世の祖先の姿と重ね合わせることができる。

　わたしたち自身や他者について多くを語る目、そしてよくも悪くも世界を形作るために用いている手は、五五〇〇万年前にはすでに存在していた。あとは、立派な動物園の霊長類の囲いをぶらぶらと歩きまわってそれを確認すればよいだけだ。ワオキツネザルからローランドゴリラまで、みなわたしたちと同じ特徴を持っている。それらの特徴があまりにも明らかだったため、現代分類学の祖であるカール・フォン・リンネは、ダーウィンと博物学者アルフレッド・ラッセル・ウォレスの進化論がそうした類似性の意味を解き明かすより一世紀も前に、それらすべてを同じ霊長類としてまとめていた。さまざまな特徴はみなはるか昔に起源がある。わたしたちの耳の骨やわたしたちにはない腹骨はキノドン類までさかのぼる。手足の指は初期の陸上生活動物がいたからこそだ。あごはぴくぴく動いていた魚のおかげである。わたしたちの体が明らかに人間になった瞬間というものは存在しない。ホモ・サピエンスは過程であって、終了地点ではない。人類はまちがいなくこれからも変化し続ける。そこで、このあたりで大きな視点から離れて、体内の小さくて活発な世界に入らなくてはなるまい。タールで真っ黒になった骨がわたしたちを案内してくれる。

# 第3章　骨のからくり

ラ・ブレア・タールピットは見えないうちからにおいでわかる。活気にあふれたロサンゼルスのその区画周辺にはアスファルトのにおいが立ち込めている。現代美術館の隣にあるその黒く泡立つ湖を見るつもりがなくてウィルシャー大通りをドライブするなら、そのにおいを車の往来とカリフォルニアの頻繁な地震でひび割れの入った道路を補修する、道路工事から発生する刺激臭だと思ってしまってもほとんど許される。ほとんどというのは、地球上でもっとも潤沢なその化石の墓場を見ないで通り過ぎるのはもったいないからだ。正面にある発掘場所の湖岸に沿って、三頭のマンモスが並んでいる。長い牙を持った成獣が立ち尽くしているその横で、子どもが水中でもがき苦しむ母親に向かってなすすべもなく鼻を伸ばしている。それが見えればタールピットはもうすぐだ。悲鳴を上げているそのゾウ科の動物のところを左に曲がる。まちがえようがない。

ラ・ブレアのアスファルトの泉は当初、古生物学者に発見されたのではなかった（わたしがここでラ・ブレアの「アスファルトの泉」という言葉を用いているのは、友人で博物館ボランティアでもあるハーブ・シフがかつて「ラ・ブレア・タールピット」という名称は「タールのタール

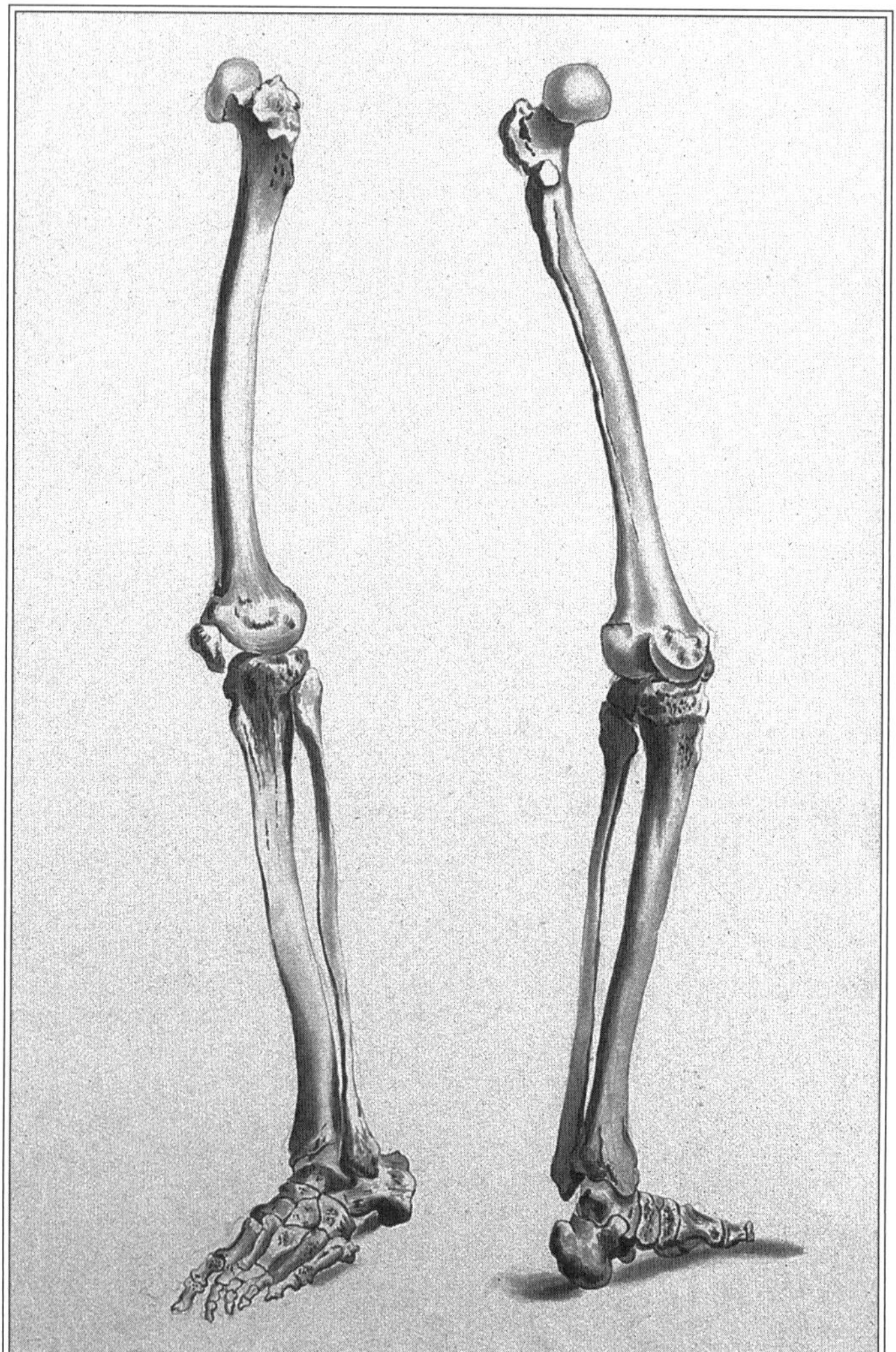

の穴」という意味になると指摘したからだ。それにもかかわらず、最近になって名称変更されたときにもまた「ラ・ブレア・タールピット博物館」と命名されている）。現場の最初の記録は、探検家でもあったファン・クレスピ牧師にまでさかのぼる。一七六九年八月の暑さのなか、それから一二年後にスペインが正式にロサンゼルスと制定したその場所で、クレスピはアスファルト、彼の言葉でいうところの「瀝青《れきせい》の広大な沼」に感動した。[28] そこはその後の建築プロジェクトでタールの大きなため池として用いられるようになったが、きついにおいのするその場所は危険もはらんでいた。ホセ・ロンギノス・マルティネスによれば「暑い日に動物が［アスファルトに］身を沈めているのが見えたが、足がはさまって逃れたくとも逃れられず、湖にのまれていった」。[29] この墨のような罠にかかって窒息するほど恐ろしい末路はないだろう。

ときおり、その場所からぶくぶく音を立てて出てくるメタンガスによって、骨が表面に浮き上がってきた、とマルティネスは記している。骨は見た目がすっかり変わってしまっていた。掘り出された骨の断片は石化しているように見え、濃いチョコレート色に染まっていた。その骨の真の意味がわかる人はだれもおらず、それから一世紀ほどのあいだは、それ以上調べてみようと考えるほど特別に興味を抱く人もいなかった。ぬかるみから出てくる骨は、ばらばらになった不運な野生動物の残骸と、農夫の不注意で穴にはまった家畜のものだと考えるのが理にかなっていた。

その場所に関する古い歴史の手がかりが表面に浮かび上がってきたのは、一八七五年に地質学者ウィリアム・デントンがランチョ・ラ・ブレアを訪れたときだった。きっかけは炭鉱を運営していたヘンリー・ハンコック少佐（タールピット周辺の公園には現在彼の名がつけられている）がデントンに弓なりになった牙のかけらを見せたことだった。その歯が完全なら二八センチほどあったに違いないとデントンは推定した。よって、現存する動物のものであるはずがない。その攻撃器官は、一八四二年に古生物学者が正式に認定したばかりの、最後の氷河期に地球上をうろついていたネコ科の動物のものではないか、と彼は考えた。歯はスミロドン・ファタリスの恐ろしい犬歯のひとつだったのだ。スミロドンは最後の巨大なサーベルタイガーで、タールにつかった堆積物から引き上げられたすべての更新世の生物を収集、洗浄、研究している博物館のマスコットである。博物館の職員はそれこそ詳細まで知り尽くしており、その気になればすぐにでも引き出しを全部開けて、最後の枝や甲虫の甲殻にいたるまですべて、土のなかにあったときとほとんど同じように骨の層を組み立て直すことができるほどだ。最初の犬歯の破片が見つかってから、デントンは地球上でもっとも潤沢かつもっとも重要な化石発掘現場の歴史をひも解き始めた。公園の地面から絶えまなくにじみ出ている黒くてねばねばした浅い水たまりは、何十万年もの歴史の氷山の一角だった。[30]

その古代の歴史には人間も含まれている。古生物学者、鉱夫、探検家よりもずっと前から人々はラ・ブレアのことを知っていた。この発掘現場はダイアウルフ、サーベルタイガー、マストドンなど大型動物相の骨が出てきた比類なき泥水として有名になったが、同じ穴から人類の痕跡も掘り出されている。一部は比較的最近のものだ。マンモスやサーベルタイガーが絶滅してからだが、スペイン人が土地を自分たちのものにしてしまうよりずっと前の、ほんの数千年前ごろ、カリフォルニア南部にいたチュマシュ族が、器を密閉したり、釣り糸に針をつけたりと、何かをつけたり閉じたりするために、この身近なアスファルトを利用していた。彼らが作った道具や品はときどき穴の上層で発見される。そして、その場所がアメリカの最初の居住者にとって特別に重要だったことを示すもっと古い痕跡もある。それはタールのなかから引き上げられた一体の人骨だ。

遺体は早期に発見された。一九一四年、ピット10と呼ばれる発掘現場の穴で、古生物学者が人骨の小さなかたまりを発掘した。それまでそこで人骨が見つかったことはなく、その後も見つかっていない。ほかに例がないだけではない。研究者は確信を持って、頭蓋骨、いくつかの椎骨、肋骨、骨盤、そして大腿骨を含むタールで汚れた骨が、ひとりの人間のものであると結論づけた。マンモスのゼッドやアメリカライオンのフラッフィーなど、近くにあるロサンゼルス郡立美術館の駐車場拡張工事のさいに出土したいくつかの最近の発掘物を除けば、ラ・ブレアで見つかったほとんどの骨は、何千年ものあいだ穴のなかに閉じ込められて移動していたためばらばらになっている。氷河期の持ち主が埋められてから長い年月のあいだに、骨は関節がはずれて分離され、結果として、世界で一番汚い棒切れの寄せ集めのようになってしまうのだ。人骨の発見そのものにくわえて、それがひとかたまりで見つかったことは衝撃だった。

その遺骨は展示されていない。少なくともほんものは。オリジナルの大腿骨は地質学の年代特定がまだ始まったばかりのころ、放射性炭素による遺体の年代特定が試みられたときにすべて消費されてしまった。複製は、訪問客のほとんどが見ようともしない博物館のサイドキャビネットのなかにしまわれている。それ以外では、近くのロサンゼルス郡立自然史博物館の壁にもかけられているが、こちらはラ・ブレアの骨格と同じ身長と外観になるように作り直されている（外観が正しい大きさになるように切ったり貼ったりしてある長い骨を見ればそれがわかる）。代わりに、この人物の残りの遺骨は、骨と骨が触れ合わないようにひとつずつ小さなくぼみに入れられ、博物館用の包装材にくるまれて、科学の収蔵品として大切に保管されている。わたしが研究所の舞台裏を訪問したとき、ペイジ博物館の元学芸員ジョン・ハリスが親切にその遺骨を出してきてくれた。骨のひとつひとつが、その場所を知らしめたサーベルタイガーやナマケモノと同じ美しいラ・ブレアの茶色をしている。あごが頭蓋骨よりも少し前に並べてあるため、このタールに染まった人物が今にも古代の謎について語り始めるかのように見えた。本当に語ってくれたらどんなによかっただろう。まずは、残りの骨がどうなったのかがわかればありがたいのだが。

ここで、人間の成人にあるべき骨の数について考えてみよう。生まれたときの二七〇本から始まって、この体内部品は徐々に結合していき、成人になるとおよそ二〇六本で完成する。総数はヒトという種で一定である。聖書のなかではアダムの肋骨がイブに与えられたが、実際には男性と女性の肋骨の本数に差がないことに気づいたトーマス・ブラウンが一六四二年に指摘したように、性差はまったくない。ただし、骨の総数は人によって異なる。統計学上の違いの一因はウォルム骨である。それは頭蓋骨の縫合線周辺を作っている余分なひとすくいの骨だ。したがって、ラムダ縫合――頭蓋の頭頂骨と後頭骨のあいだに後頭部に沿って殴り書きのように走っている線――の周囲にウォルム骨があれば、ほかの人より少なくとも一本骨が多いということになる。ペルーのミイラがそうだった。この特徴はかの絶滅文化の頭蓋骨によく見られるため、インカ骨と呼ばれることもある。それから、もうひとつ、種子骨の一部がない可能性もある。それらの骨は膝蓋骨と同じように腱のなかにあるが、人によっては小さいものがいくつか存在しない。人差し指に沿って走っている腱のなかや足の親指の腱のなかに埋まっている対になった小さな粒が欠落していることがある。

したがって、骨格の標準とはむしろ決まった数というより平均値のようなものだが、その総数から考えるとラ・ブレアで見つかった骨の数は比較的少ない。下あごを含む頭蓋骨の骨が一二で、残りの体部分からはわずか一二である。その人物の肋骨のほとんど、大部分の脊柱、数の多い手足の小さな骨はすべて、発見されなかった。

見つからなかった部分がどうなったのかは永遠のミステリーで、化石を取り巻く数えきれない謎のひとつにすぎないが、いくつかのものごとははっきりしている。どのような骨のかけらでもそこには生きていたときの記録が残っているからだ。このコレクションも十分な手がかりを含んでおり、ニックネームを持つ数少ない古代の骸骨の仲間入りをしている。博物館の収蔵庫にていねいに保管されているその骨は、専門家にはLACMHC1323、一般にはラ・ブレア・ウーマンとして知られており、広い観点から詳細にいたるまで、骨の生物学的な基礎についていくつかのことをわたしたちに教えてくれる。

しかしその前に、ラ・ブレア・ウーマンという名前について話をしよう。命名は難しい問題で、だれが名前を選ぶかによってその名が大きな力を持つ場合がある。ＬＡＣＭＨＣ１３２３は科学論文用なら問題なく受け入れられる名称だが、ラ・ブレアで発見された人骨を人間というより科学の研究対象として位置づけてしまう。そこでニックネームが登場する。長い時を経て発見されたさまざまな人骨には、ナリオコトメ・ボーイ、ケネウィック・マンなどの名がつけられており、ラ・ブレア・ウーマンもそうした骸骨セレブのひとりだ。骨学者の手元に適切な骨があれば——それについてはこの先で述べる——骨の性別判定は割合簡単で、たいていの場合はそれが正確な性を示していると考えられる。けれどもこの遺骨について調べて文章にする過程で、わたしはニックネームを使うことに次第に違和感を覚えるようになった。骨の性別を確認することと、推測された性に基づいて見た目や行動などの複雑なものごとを判断してしまうこととはまったく別ものだ。

生物的な性、社会的な性、性の認識はみな、さまざまな起源や文化的意味を持つ異なる概念である。それらは複雑に絡み合っているけれどもたがいに置き換えることはできない。ところが古い骸骨を見るときにはそれが忘れられることが多い。無意識にラ・ブレア・ウーマンという名を使うと、実際にはほとんど知らない人物に対して幅広い推測を立ててしまう。しかも本人にどう思うかを尋ねることができない。彼らがみずからの社会的な性をどのようにとらえているのか、あるいは他者との関係はどうだったのかを知るすべがないため、現代の観察者は自分の価値観や視点を重ねてしまいがちである。そのため、しばしば骨そのものというより観察者とその文化についで述べることになってしまう。たとえば、西暦七九年のヴェスヴィオ火山の噴火時に抱き合っていたように見えるふたりの遺骨は、当初は女性だと考えられていたが、二〇一七年に染色体としては男性だとわかった。イギリスの大衆紙はすぐさま、ふたりを同性愛の愛人同士と呼ぶ見出しを掲げた[31]が、実際にはふたりの社会的な性も関係もまったくわかっていない。骨の性別判定の誤りはこの一度かぎりではまったくなく、特に複数の人物の骨が一緒に埋葬されていたり、予想に反する状態で発見されたりしたときに誤解が生じやすい。戦士の姫君や、どちらかといえばわたしたちから見て女性のように埋葬されている男性の骨格などがその例である。有名な例のひとつはイギリスで発見された「パヴィランドの赤い婦人」で、一九世紀の博物学者ウィリアム・バックランドはその場所にあった貝殻と黄土からそれを若い娼婦だと考えた。ところがのちに、それは骨としては若い男性であることが判明した。好色なストーリーが重要な観察より優先されてしまったのだ。現代でもそれは同じである。密接な関わりがある、あるいは絡み合った骸骨が発見されると、それらの特性が「ロマンティックにもつれあい、生殖にこじつけられ、役割を分けて語られるのは、むしろ現在の社会的な性の問題について述べているのであって（中略）過去の人間関係や親密さについてではない」[32]。人類学者パメラ・ゲラーはそう記している。古い骨を現代の観念や価値観にあてはめてしまう傾向にはつねに注意する必要がある。確証が持てる範囲には限界があること、失われた命については知り得ない部分があることを肝に命じておかなければならない。

骨から生物学的な性別が明らかになると述べることにもわたしは違和感を覚える。わたしたちの心や自分自身のとらえ方は、骨と同じくらい自分の生物学的な一部だ。骨の解剖学的構造だけに基づいてだれかを男か女かと述べると、その人の自分自身のとらえ方を上書きしてしまうことになる。したがって、骨からわかるものは骨学的な性別である。特定の骨の形状に基づいて生理学的にその体が男性か女性かが判断されるだけだ。だがそうなると新たな問題が発生する。人称代名詞に困るのだ。はっきりした証拠がないなら、社会的な性のわからない人々については「they」や「them」を用いたい。けれどもそうした人々の物語は彼らを調査している現代の研究者と密接に関わりあっているので、「they」や「them」に頼るとわたしがだれについて話をしているのかで混乱を招きかねない。そのため、わたしはラ・ブレア・ウーマンのように性別が盛り込まれているニックネームはできるかぎり避けるが――人類学界や考古学界もそうすべきだ――社会的な性がわからない骨の、骨学的な性別について語るために「he」や「she」を用いる。さて、どのように判断するのか。じつは、人類学者が骨学的な性別を見抜くにあたって信頼できる特殊な骨がある。ただし、それは思わぬ場所にある。

表面的には、骨の性別など簡単にわかるのではないかと考えられがちだ。何よりも顔の外観がその手がかりになることが多い。骨学者は男女それぞれに関連のある顔の特徴を短くまとめている。男性はがっしりした輪郭で、あごが角張っており、眉の上の骨が出っ張っている。スーパーマンやバットマンの役者はたいていそのような顔つきだ。以前にも増してスーパーヒーローが眉間にしわを寄せてむっつりと考え込む今の時代においてはなおさらそうである。それとは対照的に、女性は形が華奢で、いわゆる筋肉質と考えられる特徴を欠いている。けれども人間は、実際には性的に異なる形などほぼ何もない驚くほど変化に富んだ種である。わたしたちは、オスとメスのあいだに一貫して明確な違いのあった初期のヒト科の祖先やゴリラのような現代の霊長類と同じではない。多くの男性は骨学的にマッチョな外観を持っておらず、一部の女性は普通なら男性を連想するような突き出たあごをしている。頭蓋骨に関して言えば、男性と女性を分ける厳密かつ明確な骨学的分類はない。頭蓋骨が人口統計データを伴わないかぎり、男性か女性かの判定はよくても知識に基づく推測でしかない。

したがって、信頼できる骨の性別判定のためには、ほかの場所に目を向けなければならない。じつは、見てすぐ性別がわかる骨は骨盤にある。腰の背中側、腸骨と呼ばれる骨の上の縁に坐骨切痕という名のくぼみがある。これが一貫して男性は狭く、女性は広い。そして骨盤の底――ふたつの恥骨が前面で合わさる場所――では、左右の骨が結合する角度が男性より女性のほうが大きい。この差は出産能力と関係している。骨でいうところの男性が細い腰のままでいられるのは、赤ん坊が苦労して身をよじりながらその空間を通り抜ける必要がないためだ。一方、時の流れとともに、ヒトという種が生殖を繰り返していけるようにと、進化が赤ん坊の頭蓋骨と母親の腰の両方を変化させた。そして、ＬＡＣＭＨＣ１３２３が一部の人からラ・ブレア・ウーマンと呼ばれる理由はそこにある。ピット10に埋まっていた彼女は腰の半分が残っていたために、骨という意味で、それがこの人物が女性である決定的証拠となったのである。

ＬＡＣＭＨＣ１３２３が女性の骨格だとわかれば、生きていたときの姿を再現するために最低限必要な詳細は必ず見つかる。ペイジ博物館が背の低い彼女の姿を復元したときには、狭い作業場で上半身裸の彫像がカタカタと揺れていた。展示は数年前に非常口を作るために撤去された。ところが二〇〇九年、鑑識の似顔絵を描く才能を持ったボランティアが、ラ・ブレアの骨の人物像を再現してオンラインで公表すると、博物館は論争に直面することになった。その作品が大きな議論を引き起こしたのは、アメリカの初期の人々が何者だったかという問題につながったためである。恐竜などの古代生物でも人間でも同じで、アーティストはインクと絵の具でそれを再現しようとする。しかしひとたび描かれると、それは骨以上のものになってしまう。リアルというよりむしろ、こうだったのではないかとわたしたちが考えるイメージになるため、ときにその古代の死者について厄介な問題が持ち上がるのだ。ラ・ブレアに埋まっていた人物の場合、その問題とは今日のアメリカ先住民と彼女の関係だった。

この人物がだれだったのか、家族と呼んでいた人々がどのような集団だったのかは謎に包まれたままだ。だが、彼女はまちがいなくアメリカ先住民である。最後の氷河期が衰退してから、カリフォルニアのそのあたりにはほかにだれもいなかった。けれどもおよそ一万年前の彼女の骨は、特定の住民や文化と確信を持って結びつけるには古すぎる。遺伝子検査は役に立つだろうが、骨からタールを取り除く作業で内部の遺伝物質が破壊されてしまうことを考えると、彼女の血縁を探すためのDNA鎖を抽出できる見込みは今のところない。専門家は外から見える解剖学的構造から判断するしかない。ところが、いくら骨にはたくさんの情報が含まれているとはいえ、それは情報力がおよばない分野だ。人種とは生きている人間の特徴であって、皮膚の色など、周囲の人を見渡したときに見てすぐわかるとわたしたちが考えがちな広範囲な人種の区別と、骨を結びつける決定的な方法など存在しない。いくら黒人、白人、先住民という人種別の社会的なカテゴリーを示そうとしたところで、骨そのものに人種の痕跡はないのである。

社会的な性、生物学的な性別、そして人種の不適当な分析についてはまたのちほど、骨の複雑な死後の世界について考え、死者のアイデンティティを探るときに触れよう。ラ・ブレアの骨からはそれ以外にもまだ学ぶべきことがある。それはわたしたちと同じように変化、成長していた骨の奥深くに保存されている。ここからは、すべての人に共通するその特徴を理解するために、何段階か拡大して骨を眺めてみることにする。骨を組み立てているすばらしい支柱、てこ、椀、かご、回転継ぎ手は、それを持つ者としてわたしたち人間をひとつにまとめている。

骨組織とはいったい何か？　アオガニの甲羅にある頑丈なキチン質のようなほかの硬い有機物とどこが違うのだろう？　生化学の観点から見ると、骨——ラ・ブレアの骨でもあなたのものでも、ほかの脊椎動物の体内でも——はかなりシンプルである。骨はコラーゲンというタンパク質部分と水酸化リン酸カルシウム（ヒドロキシアパタイト）と呼ばれるミネラル部分の、ふたつの異なる物質の組み合わせだ。それらは一対一の割合で配合されているのではない。コラーゲンは体内ではありふれた物質で、皮膚から腱、骨までどこにでも存在する。これは骨のしなやかな部分であり、骨にいくらかの柔軟さを持たせて、簡単に折れることなく圧力に対応できるようにしている。またきわめて長く残る物質でもある。たとえば、古生物学者はティラノサウルス・レックスの骨から古代のコラーゲンのかけらを抽出することに成功している。[33]つまり、恐竜のコラーゲンの切れ端が六六〇〇万年も残っていたということだ。それほどまで長持ちする物質には「強靭」という言葉でもまだ弱すぎるような気がする。

　コラーゲンは骨組織のおよそ九〇パーセントを占めているが、それだけではじつはあまり役に立たない。昔ながらの家庭科実験でその理由を証明できる。鶏の骨を三日ほど酢につけておくと、結び目をつくれるほどしなやかになる。骨のミネラル部分が酢酸で腐食してなくなり、ぶよぶよしたコラーゲンだけが残るためである。そのような骨格で歩こうとすれば、すぐに横に曲がってしまうだろうし、そもそも立っていられるかどうかも怪しい。そこで、もうひとつの骨の重要な成分が登場する。ミネラルの水酸化リン酸カルシウムはコラーゲンの柔軟性に強度を加え、割合は比較的小さいものの、骨の重量の七〇パーセントを担っている。けれども水酸化リン酸カルシウムが多すぎるのも困るのだ。骨からコラーゲンを取り除くと、ぼろぼろになりやすい石のかたまりのように、少しの衝撃を受けただけで粉のようになってしまう。コラーゲンが骨をしなやかにする一方で、水酸化リン酸カルシウムは骨を強く、硬くして生体力学的な使用に耐えられるようにしているのである。どちらか一方でも欠けていれば、人類を含むたくさんのすばらしい生物が誕生することはなかっただろう。

　骨の万能さは生化学の構造だけにあるのではない。骨組織の生成やそれぞれの骨の成長のしかたもまた大きな生物学的可能性を開いている。なぜなら骨は絶えず動いている物質だからだ。静的な物質のように見えるかもしれないが、じつは驚くほど動的なのである。わたしたちの体は生きているあいだ中、活発に成長し、変化している。その見事な変身ぶりは、骨の成長、維持、破壊のそれぞれに特化した細胞からなるメンテナンスチーム全体の相互の動きに支えられている。なかでも重要なのが骨芽細胞だ。これは新しい骨組織を作る役割を担っている細胞で、小さな集団を形成して少しずつわたしたちの骨の基礎を作っている。3Dプリンタのように一層ごとに骨組織を積み重ねている細胞のかたまりを想像してみればよい。そうすれば今このときにも体内で起きていることのおおよその見当がつくだろう。

　骨芽細胞は類骨と呼ばれる物質をじわじわと出している。それは一種の骨になる前の組織で、柔軟なコラーゲンを大量に含んでいる。類骨は骨芽細胞の周囲に、格子造りのように見える小さな十字の支柱を作る。類骨がしかるべきところに設置されると、今度は、骨芽細胞が集めたカルシウムとリン酸塩の生化学混合物が凝結して、硬い水酸化リン酸カルシウムが生成される。[34] そして、この混合物のミネラル分が格子に染み込んで、その作ったばかりの骨のかごのなかに骨芽細胞を永久に閉じ込める。

その時点で、骨を形成する細胞はギアチェンジする。自分で自分を閉じ込めた骨芽細胞が姿を変えてやや不活発になるのだ。すなわち、壁で塞がれた骨芽細胞が骨細胞と呼ばれるものへと変化するのである。[35] 人間の骨のなかにはおよそ四二〇億個の骨細胞があるが、ひとたび骨芽細胞が骨細胞になると、今度はゆっくりとした骨の交代を調整する役割に腰を落ち着ける。それは骨の形成ではなく、どちらかといえば骨の破壊を管理する仕事だ。解体作業はおもに、破骨細胞と呼ばれる異なるタイプの細胞が実行している。近くで見ると、そのプロセスは映画『エイリアン』のノストロモ号のデッキで、怪物フェイスハガーの酸性の血液が床を溶かしていたようすに似ている。骨芽細胞が新しい骨を作るのに対して、破骨細胞は、骨のミネラル部分を溶かす酸と、コラーゲンを分解する酵素を分泌して、すでにある骨組織を食い尽くす。これは骨吸収と呼ばれ、骨の定期管理に欠かせない重要な働きである。今述べた主要な変化はみな、止まることのないゆっくりとした動きで大地が隆起して山が作られ、浸食されて山が崩れるのとまさに同じような働きを、小さな細胞が実行しているために起きる。これらの細胞は、わたしたちの骨のなかにある活気に満ちた大自然の生きた天地創造だ。それらがラ・ブレアの更新世の人骨、そしてその他のすべての人の骨を、あなたのものと同じように作り上げたのである。

さて、これで骨の成分と骨組織の形成については何となく理解できた。しかしながら骨はそれぞれ好き勝手に行動しているわけではない。こうした小さな活動はみな、わたしたちの骨を組み合わせているもっと大きなパターンに合わせて行われている。骨がどこでどうやって作られるのかは、人生のさまざまな時期によって異なる。たとえば、鎖骨の一部や頭蓋骨のいくつかは、生物学者が言うところの膜内骨化を通して作られる。つまり、わたしたちがまだ発達途中の胚であるあいだに、今述べた部位になる骨組織が、血液のような、体にとってきわめて重要ないくつもの系や体液の前駆物質である一時的な軟組織のなかに作られるのである。けれども、わたしたちの体内にあるそれ以外のほとんどの骨は、軟骨内骨化と呼ばれる方法で作られる。すなわち、骨格の最初の骨がまず軟骨のなかに作られてから、小さな骨芽細胞が休みなく働くことで次第に骨組織に置き換えられていくのだ。考えてみると、その実際のようすはちょっとしたSFを超えている。発達しつつある体内で血管が栄養孔という穴を作りながら軟骨に入り込み、そこから骨になるための変化が始まって、拡大していく。手足の長い骨においてはいちだんと奇妙だ。それらの骨は丈夫な膜に覆われているが、骨を作る細胞は骨の表面とその膜のあいだで仕事にとりかかり、一層ごとに骨を置いては徐々に軟骨を骨組織に置き換える。さらに、長い骨が形になるにつれて、外側の表面に新しい骨が作られているまさにそのさなかにも、破骨細胞が内側の表面にあった骨を食べていくのである。その結果、内部が空洞になった骨細胞の部品ができあがるのだ。そしてこのプロセスのほとんどは初期に行われる。わたしたちの骨は、もしかすると、母親の胎内で成長しているあいだがもっとも忙しいのかもしれない。生物学者の推定によれば、生まれる一一週前ごろには、柔らかい組織が骨に変化する骨化の主要拠点が八〇〇ほどあるが、青年期にはそのさまざまな拠点が結合しておよそ二〇六個の異なる骨になる。そこでプロセスはようやく終わりを迎える。

ラ・ブレアで発見された人骨では数千年、これまで見てきた先史時代の生物種の多くではさらに長いあいだ骨は残存しているが、骨組織そのものは生きているあいだずっと同じ姿をしているのではない。確かに、わたしたちの骨の大部分は関節にはまったたままだ。けれども、幼少のころに骨が骨化してからまったく変化していないわけではない。成人の骨格になってからも、骨芽細胞は新しい骨を作り続け、パックマンのような破骨細胞が古い骨細胞をせっせと食べる仕事に励んでいる。実際には、人生が終わりに近づくとそのバランスが変化するので、骨粗しょう症などの症状が引き起こされる。つまり、骨芽細胞が十分に骨を作っていないか、あるいは破骨細胞が骨を食べ過ぎているのか、もしくはその両方だ。この止まることのない激しい活動はつねに既存の骨の表面で行われている。そして骨が外側の表面で絶えまなく足したり引いたりされているその活動はみな、骨の表面と、骨膜と呼ばれる丈夫な生体組織の層のあいだで起きている。腕と足の関節にあてられているものだけは例外だが、骨膜は個々の骨を包む生物学的なラップである。骨膜は骨髄で作られた血液を体の他の部位へ届けるなど、さまざまな仕事をしているが、骨の形成という点では、外側の層で骨を作る骨芽細胞のもとになる細胞を生成している。

押したり引いたり、伸ばしたり縮めたり、ありとあらゆる体の動きに対応できる、すばらしく万能で活発な組織は、こうした発達と調整のたまものである。強さの一因は、骨組織内のコラーゲンの配置にある。コラーゲンは自由気ままに伸びているのではない。コラーゲン繊維は骨組織の連続した層のなかでいろいろな方向に走っているが、じつは、生体組織の格子造りにおけるたがいの位置関係に応じて、さまざまな角度に伸びている。コラーゲン繊維がみな同じ方向に走っていたら、骨は一方向の圧力には著しく強くなるが、別の角度から衝撃を受けたときに簡単に折れてしまうだろう。

わたしたちは三次元の世界で暮らしている。骨の内部構造もあらゆる方向からのさまざまな衝撃や揺さぶりに対応できなければならない。大腿骨について考えてみよう（これから行う簡単な思考実験のために「あなたの」大腿骨とは言わないことにする）。大腿骨のコラーゲン繊維が上から下まですべて水平方向に並んでいたら、野球のバットのスイングのように水平方向に攻撃されたときに折れやすい。けれどもコラーゲン繊維が垂直に配置されていたら、骨は水平のバット攻撃には耐えられるが、今度は斧を振り下ろすような垂直方向の衝撃に極端に弱くなる。これはわたしが子どものときに習ったテコンドーで学んだのと同じ原理だ。板を割るためには木目に逆らうのではなく、木目に沿って打つ。人間やほかの脊椎動物にとってありがたいことに、わたしたちの骨は繊維がさまざまな方向に走っているため、きわめて折れにくい。耐えなければならない力のかかり具合に合わせて、場所によってコラーゲンと水酸化リン酸カルシウムの比率は異なるが、それらの配置のおかげで、骨は体を支え、動かすことができるのである。

さて、ここからは、骨の微細な構造から裸眼で見えるものへと少しズームアウトしよう。骨組織が柔軟なのは生体力学の点においてだけではない。骨は体内でさまざまな形に姿を変えることができる。頭蓋骨の内部構造は、足の骨や脊柱と同じではない。おおまかに言って、骨はたいていの場合、ふたつのレイアウトパターンのどちらかを示している。それは、文字どおり骨細胞がぎっしりと詰まった緻密骨と、どちらかといえば空間を広くとった建築のように柱がつなぎ合わされている海綿骨だ。このふたつの骨のカテゴリーは、骨のある場所によって異なる強みを発揮する。たとえば、手足の骨には強度が必要なため、軸のなかに緻密骨がたくさんある。それらがわたしたちの動きに影響を与える部分だからだ。けれども頭蓋の骨はしっかりと組み合わさっていて、勝手に動きまわることはない（と思いたい）。そのため、頭頂部の十字の部分を見ると、ふたつの緻密骨の層のあいだに海綿骨があるのがわかる。海綿骨が硬い保護層のあいだで一種の緩衝材の役割を果たしているため、衝撃を受けても骨が折れたり砕けたりしにくい。ふたつの骨のタイプが、求められる強さ、軽さ、しなやかさのあいだで折り合いをつけながら、たがいに協力して働いているのである。[36]

胚の時代から体内で起きているこうした改造すべてを理解することは難しいかもしれない。背が高くなり始めたころ、にきびができて悪態をつき始めたころ、あちらこちらを剃るべきか剃らないべきかと悩み始めたころは、長年の写真を見ればそれとわかる。けれどもその下にある骨についての記録はない。骨の成長の軌跡全体、つまり誕生から年老いるまでの骨の変化が記録されている、この世を去った人々の骨が目の前に並んでいても、やはりその変化はあまりにありきたりでつまらない。そこで、骨の異常な変化について少し考えてみよう。病変と呼べるほど極端な例だが、それらは、骨がいかに人々の生活に合わせて形を変えられる柔軟で順応性の高い組織であるかを示している。そうした例外は骨の生物学的な驚異を学ぶ助けになるはずだ。

読者の多くは二〇〇八年の『インディ・ジョーンズ／クリスタル・スカルの王国』を真に受けたりしないだろうが、映画の主要な謎解きを進めるにあたって必要なエセ科学の寄せ集めのなかで、この映画はほんの一瞬だけほんものの人類学的現象に触れている。クリスタル・スカルそのものについてではない。「ほんもの」のクリスタルの頭蓋骨はすべて、古代の文化や珍しいものの流行に便乗して一九世紀に作られた石英の彫刻である（ディスカバリーチャンネルが人魚は本当にいたと再び人々を納得させようとし始めるよりはるか昔のその時代が、興行師P・T・バーナムやその他のペテン師の全盛期だったことを思い出してもらいたい）。そうではなく、恐れを知らぬジョーンズ博士が奇妙に細長いクリスタルの頭蓋骨を手にとって、コロンブス時代より前の絵に描かれた同じ頭の形をした人物のもとへ持ち上げる場面がある。ここが事実とフィクションの分かれ道だ。人々は本当に華やかな姿になるように頭蓋骨の形を変えていたのである。ただしそれは宇宙人の侵略とも、古い作品のシリーズ化で数ドル巻き上げる必要性とも関係ない。

頭蓋骨は特定の遺伝プログラムに縛られていないため、何をやっても必ず同じ状態になるわけではない。わたしたち人間の頭蓋骨はさまざまな骨の組み合わせで構成されており、完全に成長して、結合し、頑丈になるまでに何年もかかる。そのため、成長の基本となる生物学的土台を築く骨芽細胞と破骨細胞は、適切な時期に適切な圧力が加えられると、それに合わせて頭蓋骨の形を変える。つまり締めつけられている状態に合わせて骨が成長するのである。

人間の伝統をたどるかぎり、意図的な頭蓋骨の変形はかなり古くから存在する。また幅広く行われてもいた。南米のマヤ族、アメリカ先住民のチョクトー族にくわえて、東欧のフン族やアラン族も同じように頭蓋骨を変形していたほか、バハマ、フィリピン、オーストラリアの民族も同様で、すべて異なる時期に異なる理由で行われていた。[37] また、たとえば、チリ北部のコロンブス到来以前の民族では、住民の八八・九パーセントが人工的に変形された頭蓋を持っていたことがわかっている。意図せず、その慣習を復活させた文化さえある。フランス南部、トゥールーズ近辺では二〇世紀初頭になっても、細長く、へこみのある額を持つ人々が見られた。[38] これは、頭を打って死なないようにと、赤ん坊の頭に布をきつく巻いていた長年の習慣の表れである。より有害な地方の伝統とは異なり、形の違いは知性とはまったく関係がなかったにもかかわらず、人類学者はその形をトゥールーズの奇形と名づけてしまった。

フランスの赤ん坊の特徴からは、丸い形から平たい形、先のとがった形まで、多くの文化で頭蓋骨が意図的に変形されたときの基本的な方法がわかる。そうしたさまざまな頭蓋骨の形は、自分の意思で体を改造しようと極端なことを行う成人ではなく、子どものときに頭の形を決められた人々のものである。人間の骨は幼いときが一番活発で、骨格がもっとも柔軟なのもそのころだ。ひとつには、頭蓋骨が結合するまで時間がかかるためである。人間は生まれたときには比較的未成熟だ。子鹿のようなほかの哺乳類は生まれてすぐに立ち上がって動けるが、人間では何年ものあいだ親に面倒を見てもらわなければならない。赤ん坊のときはだれでも何もできない足手まといである。けれども、そのおかげでわたしたちは大きな脳を持つようになり、頭蓋骨は母親の産道を抜けるために少し柔軟になった。頭蓋骨の縫合線が閉じて癒合するまでには何年もかかり、骨が形成され続けていくうちにやがてその線が消えてなくなるため、赤ん坊のときに頭をきつく締めつけても脳が傷つくことはない。一時的な軟骨の結合や骨化と同様に、日々の強制によっても、頭蓋骨の最終的な形を整えることができるのである。

　たとえその科学を理解していなかったとしても、明らかに複数の古代の民族集団が、子どもの頭蓋骨は形を作り直せると知っていた。そこでその形を作るために、大人は子どもの頭蓋を縛った。制約を受けた骨は、道具によって定められた型へと成長せざるをえなかった。道具には包帯やヘアバンドのようなものもあれば、頭蓋骨がきちんとした形になるまで毎日少しずつきつくすることが可能な板の場合もあった[39]。そうでもしなければきっと子どもが勝手にはずしてしまうのだろう。それぞれの文化に独自の道具があり、それを用いることで、子どもが集団の一員であることを示すための形を作ることができた。

　なぜ、三〇〇〇年以上も前から、それほど多くの文化にこうした慣習があったのかは必ずしも明らかではない。もっとも単純な説明は、故意に形を変えた頭蓋骨によって特定の社会集団の一員であることが一目でわかるからだろう[40]。集団は幅広いコミュニティの場合もあれば、特定の社会階級だけにかぎられていた可能性もある。もっとも、たんにおしゃれだったからかもしれない。二七〇〇年以上前に、フン族が東欧とアジアに進出したころ、彼らと接触のあった人々も次々に頭蓋骨を変形させ始めた。それはまさに大草原地帯をまたがって広がったファッションの波だった。そのさまざまな変形の軌跡は大陸を席巻したフン族の動きと一致している。

当然のことながら、骨格の変形の対象になったのは頭蓋骨だけではない。纏足《てんそく》もそのひとつである。そのぞっとするような詳細についてさらに知りたいなら、リサ・シーの画期的な小説『雪花と秘文字の扇』［天羽由布子ほか訳、近藤裕子監訳、バベルプレス、二〇〇八年］を読むとよい。頭蓋骨の変形でよくない影響が出ることはまれだが、足のように人間の存在に欠くことのできないもの、類人猿の祖先とわたしたちのあいだで大きな変化を遂げた付属肢のひとつを、重大な悪影響なく変えることは不可能である。一方、歴史的に見て、大々的な骨格の変形は子どもに対して適用あるいは強制されることがほとんどだが、成人の骨を変形することも可能だ。盲目的に尊ばれた砂時計型の体型を手に入れようとして、一八世紀から一九世紀のヨーロッパでは多くの女性が腹部をコルセットで縛り上げた。それは今日のランジェリーショップにあるような最小限の刺激的なものではなく、肋骨ばかりか、肋骨と腰のあいだの柔らかい部分をさらにきつく締め上げる危険な装身具だった。

あらゆる年齢と階級の女性がコルセットを身につけた。コルセットがどのように体内の状況を変えてしまうかを示した図は痛々しくてほとんど正視できない。胃と肝臓は下方に押し込まれ、肋骨は垂れ下がったS字状に押しつぶされている。各脊柱の神経棘《きょく》、つまりひとつひとつの骨の中心から出ている小さな突起も、本来の場所から押しのけられてしまっている。通常なら体の中心線の隆起部に順序よくきちんと積み重なっているところを、コルセットを長期に着用していた人では、骨の軸があちこちに張り出して、あるべき位置から押し出されているのだ。長年にわたって体を締めつけるコルセットは、それを着ていた女性たちの骨格を大きく歪めて、不快な形を作り出していた。これでは、昔のコルセットは拷問の道具に等しく、女性を短命にするような男性目線による美しさの基準が残酷な形で表現されたものだと非難されてもしかたがない。しかしながら、じつは、きついコルセットは早世への近道ではなかったことが判明している。現在結核として知られている「肺病」は、コルセットとは文化的な結びつき以外、何の関係もない。コルセットが循環器系の問題を引き起こしていたという説も、肝臓の位置が変わったことによる悪影響も、誤りであることが明らかになった。コルセットは、異常と考えられる位置に内臓を動かしはしたが、それらは死の危険をはらむものではなかったのである。実際、人類学者レベッカ・ギブソンによれば、人口統計データと合わせて実施された、コルセットを長期使用した場合の影響調査において、肋骨や背骨がコルセットで変形してしまった女性に、慢性的な障害や短命の証拠は見つからなかった[41]（ギブソンの調査は女性に絞られているが、コルセットをしていた形跡のある男性の骨も存在することを述べておこう。そうした例からは社会のさまざまな層におけるファッションの流行と衰退を追うことができる）。コルセットは、わたしたちの骨格がいかに柔軟かということとを思い出させてくれる重要な例である。一部の骨格と軟組織は、自然の差異を超えて種々様々な形に変形することが可能なのである。

このように通常の分布より大きくはずれた例からは、途切れることなくわたしたちの体を作り直し、作り替えている基本的なプロセスがよくわかる。わたしたちは一般に考えられているよりもはるかに順応性が高い。動かないように見えても、骨は地球上でもっとも柔軟な組織のひとつである。しかもわたしたちの洗練された動きすべてを可能にしている。骨は原始時代の魚の外側に、硬くて曲がらないよろいとして誕生し、体内に沈み込むにつれて、それ自体は動かなくても連動する枠組みになった。そしてさらに、肉のなかに埋め込まれて、わたしたちの種の驚くほど幅広い動きを可能にしたのである。

さて、人間の骨格が進化の時を経てできあがったようすと、体内で骨が作られる過程がわかったところで、そのすばらしい物質が、日常生活で行われている複雑かつ繊細な動きをどうやって可能にしているかということに目を向けよう。骨格の核の部分では、わたしたちは若干修正された樹上生活のサルである。五〇〇万年以上さかのぼる長い人類の歴史で生じた多くの生物学的発現のうちのほんのひとつが異なっているだけだ。木の上の暮らしから陸上に特化した生活への移行は、なぜ現在のような動きをするかを知るうえできわめて重要な背景である。半分を木の上で、半分を陸上で過ごす生活のひな型であるルーシーが、骨のなかに一連の動きが組み込まれた時代へとわたしたちを誘ってくれる。

# 第4章　骨組み

わたしたちの骨格は妙である。一目見ただけではそうは思わないかもしれない。何と言っても自分の骨だ。あなたも知人のだれでも、ホモ・サピエンスと認められる同じ基本構造に基づいて形作られている。だがそれは主観的なものの見方である。もう少し幅広い視点から骨格が取りうる多種多様な形を眺めれば、人間は特殊だ。

三五億年にわたる地球の生命体の歴史、そして動物が誕生してからおよそ六億年のあいだに、ヒトと考えられるものが誕生したのは一度だけ、しかもごく最近である。わたしたちのような直立したサルはほかに存在したためしがない。確かに、後脚で立ち上がって走り回る生きものはほかにもいる。たとえば、最初に立ち上がったのは、わたしたちの祖先がまだ四つ足でちょこちょこ走っていた二億三五〇〇万年以上前の恐竜や偽顎類《ぎがくるい》と呼ばれる古代のワニの親戚である。一方で、樹上で枝をつかんだり登ったりするために適した腕を持っている動物はほかにもいるが、人間と同じ骨の配置になってはいない。わたしたちは異なる特徴の寄せ集めなのである。骨組みは依然として、背を伸ばして歩かなければならないという人間にしかない特性と、樹上生活を送り、

XXXIV

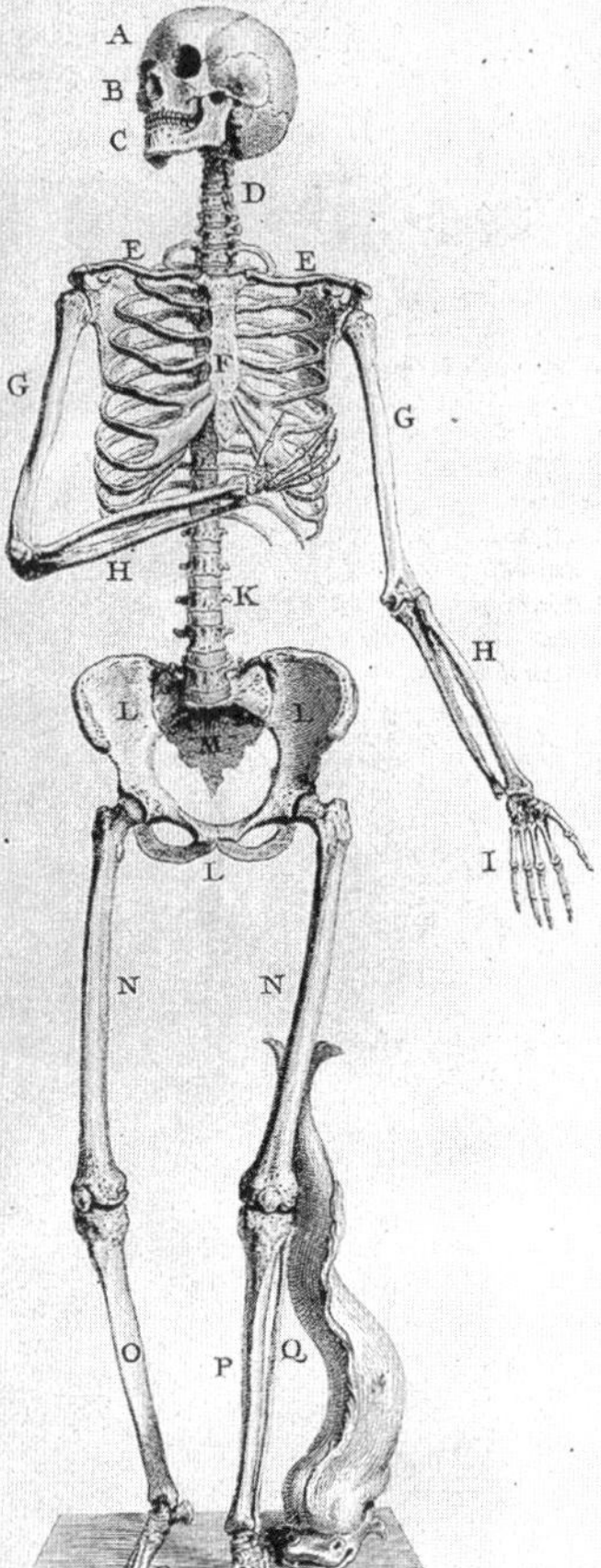

わたしたちの種にさまざまな可能性を切り開いた器用な手を持つ祖先のあいだのどこかに位置している。わたしたちは終点ではない。つねに歴史の影響を受け、歴史に形作られている生きものである。その歴史の大部分は、個々の生活と長い進化の時間の両方において、いかに動作が骨格を作ってきたかということに要約される。体の動き、それは生体力学の世界だ。そして重大な過去を知るためには、ルーシーに会いにいく必要がある。

古生物学者でなくとも、おそらくルーシーの名を聞いたことがあるだろう。この古い骨は全時代を通してもっとも有名な化石人類であり、アウストラロピテクス・アファレンシスの肩書きを持っている。ほかの古代のヒト族にはこれほどの知名度はない。骨はそれだけを見ても意味がない――たがいに照らし合わせて初めて重要性が見えてくる――けれども、ルーシーの発見と初公開の状況から、彼女には、人間らしさの遠い過去を考えるうえで必ず参照されるという不動の地位が与えられている。

ルーシーの名声の一部は、彼女が発見された当時の古人類学の歴史的背景によるものである。一九七四年にエチオピアのハダール付近でルーシーの骨が発掘されたとき、サルのような祖先からヒトに見えるようになるまでの変化の状況については、ほとんどわかっていなかった。ルーシーはまさに、陸上をしっかりと歩くことがまだ新しい移動方法だったときの、その変化の核心に位置していた。くわえて、骨格の四〇パーセントが残っていたため、彼女はただちに、それまで発見されたなかでもっとも完全な個体のひとつとなった（たいした割合には感じられないかもしれないが、それまで初期のヒトはばらばらの骨や頭蓋骨しか見つかっていなかった。初期の人類の化石記録は靴箱に入るという冗談があったほどだ）。一部の化石が必要以上に大騒ぎされることはあるが、ルーシーにそれはあてはまらない。彼女の骨はわたしたちがだれなのか、どこからきたのかを理解するうえできわめて重要である。そこで、ハドソン川を渡ったすぐそこにルーシーがやってきたとき、もちろんわたしは会いにいった。

それ以前に、ルーシーの模型を見たことはあった。人類の起源を展示する博物館はどこでも、それがなければ完全とは言えない。模型は細かいところまで化石にそっくりだが、ほんものの骨には何か特別なものが感じられる。いくら詳細までよくできていても、複製には歴史の重みがないのだ。骨について語っているときでも、「元祖」フェイマス・レイズ・ピッツアの店を探しているときでも、ほんもののローリング・ストーンズと、にせもののミック・ジャガーやキース・リチャードによるトリビュートバンドを見比べているときでも、それは同じである。レプリカはとにかくほんものにはかなわない。目の前に陳列されている骨がかつて生きて呼吸していたものだとわかっていると、遠い過去の世界へ引きずり込まれる。よって、わたしがとるべき道はただひとつだった。三四〇万年以上前に地球上を歩いていた人物に敬意を表するため、わたしはタイムズスクエアの展示会チケットを手に、薄汚れたニュージャージー交通の電車に乗ってマンハッタンへ向かった。

ルーシーの骨は、ほの暗い部屋の中央で、彼女の前後の時代に生きていたさまざまなヒト族の親戚の模型やイラストに囲まれて並んでいた。ルーシーの小さな指の骨から、ばらばらのすり減った頭蓋骨の断片まで、ひとつひとつが丁寧に紫色の柔らかい台の上に収まっていた。ルーシーはわたしたちと同じように、多様性を持つひとつの種の一個人にすぎない。絶滅種全体の象徴になるのはどんな気分だろう。目の前に並べられている上腕骨、骨盤、大腿骨、肋骨などの黄色い骨はどれもよく知っている骨だが、現生人類とは異なる状態で組み合わさっていた。現在から過去を振り返ることで、ルーシーがふたつの世界、つまり樹上生活と陸上生活のあいだにはさまれていたことが見て取れる。

ルーシーはあまり背が高くない。米国立自然史博物館のアン・アンド・バーナード・スピッツァー・ホール・オブ・ヒューマン・オリジンズの復元模型でルーシーの姿を初めて見たとき、それほどまで有名な人間があまりにも小さくてショックを受けた。その展示で、仲間と手をつないで地平線に目を走らせているルーシーの身長は、わずか一〇九センチほどだった。それまでわたしが目にしたイメージや復元模型はみな、ルーシーを正面から、あるいは彼女を見上げるように描かれていたため、実際よりも大きく見えたのだ。骨も同じ真実を伝えていた。もしガラスを持ち上げて骨ひとつひとつを注意深くはずしていったら――そんなことをするほど頭はおかしくないが――ルーシーの頭蓋骨の残存部分は容易に片手にのせることができただろう。

ルーシーの残りの骨をざっと見ると、彼女の生活についてほかにもいくつかのことがわかる。彼女が暮らしていたのは、人間が石器の使い方を覚えて肉食動物の仲間入りをする前、特別に作った道具で自分たちの貧弱な体つきを補い、ライオンやハイエナやサーベルタイガーとえものを争うようになる前の時代である。ルーシーはまだ植物中心の食事をしていた。彼女の肋骨はわたしたちのような丸みを帯びた樽形ではなく、むしろ漏斗のような形状である。上部が狭く、末広がりになっているその形は、彼女の種が主食にしていた果実、塊茎、葉などを消化するために必要な、発酵用の大樽のような内臓をしまい込むためだった。腰はラッパ状に広がっていて、それはずんぐりした体を支えると同時に、その内臓すべてを持ち上げておく骨の椀のような役目も果たしていた。ルーシーの手足もわたしたちのものとは異なる。腕は比較的長く、指はまだ割合にカーブしていて、ものを巧みに扱うのにも木の幹を握りしめるのにも適している。けれども、もっとも目を引くのは、おそらくルーシーの背骨だろう。

人間であることを定義する単一の特徴というものは存在しない。たとえば、わたしたちの大好きな大きな脳も、絶対的な大きさどころか相対的な意味でも最大ではない。シロナガスクジラは世界最大の動物を誇るその長さにふさわしい大脳を持っており、われらが親戚ネアンデルタール人は現生人類と同じくらい大きな脳を持っていた。同じ尺度で測るなら、オマキザルもそうだ。一方で、古人類学者は昔から、直立歩行が類人猿とわたしたちを分ける人間だけの特徴だと考えてきた。理由は容易にわかる。類人猿はみな直立して歩けるが、それがいつもの姿勢ではない。たとえば、系統図でもっとも人間に近いチンパンジーとボノボは、げんこつを地面につけて歩くナックルウォークをするため、骨格もそれに応じて人間とは異なっている。背骨は比較的まっすぐだが、足の親指は横に突き出ていて手のように動き、前脚は林冠を移動するのにもナックルウォークで地上をゆっくり歩くのにも適している。実際、彼らの陸上移動方法は、どうやって林床を移動するかということに対するわたしたちとは別の生体力学的反応であり、わたしたち人間の先祖がよちよち歩いたのとは異なる進化の道を示しているだけである。よい悪いではない。ただ異なっているだけだ。

しかしながら、ルーシーはチンパンジーのようではなかった。彼女の背骨は、わたしたちの風変わりな歩き方にかかわる重要な変化を示している。おそらくその変化の起源は進化の偶然で、それがのちに大きな影響をおよぼすことになったのだろう。つまり、人間の最古の祖先が、やがて生体力学的に直立姿勢を可能にするような、独特な方法で動き回り始めたのかもしれない。知られているなかで最古のヒト候補のひとつ、四四〇万年前のアルディピテクス・ラミダスの化石は、初期の化石人類がなおも樹上で暮らしながら、風変わりな直立姿勢で動き回っていたことを示唆している。[42] 初期のヒトは少なくともときどきは、ぎごちない直立姿勢でよちよち歩き、枝の下にぶら下がるのではなく枝の上を移動していた。陸上で過ごす時間が長くなり始めたころには、すでに四つ足ではなく直立で歩く傾向があったのだ。ほかの類人猿が異なる生体力学の道を歩むあいだも、進化はその傾向を先へと進めた。ルーシーの時代までには、わたしたちの仲間はすでにまっすぐ立っていた。彼女らの脊柱にその変化を見ることができる。

小中学生のころはよく「まっすぐ立ちなさい」と注意されたものだが、わたしたちは本当にまっすぐにはなれない。人間の背骨はカーブしている。それを理解するために骨を見る必要さえない。だれかが立っているところを横から眺めれば、背骨が緩やかなS字カーブを描いているのがわかる。肩のところで突き出ていて、下へいくにしたがって前向きにカーブしてから、また外向きに曲がり、骨盤とつながっている。これは二足歩行動物にしては奇妙である。たとえば、ティラノサウルスのような恐竜は背骨を水平に保つことができた。バランスを取る長い尾がある場合にはそのほうが都合がよいのだ。けれどもわたしたち人間にとってまっすぐに立つということは、走り回るときに体重を安定して支えるために進化した、垂直方向に伸びるカーブした背骨を持つことである。そのカーブの一部、背中の腰椎が前向きに曲がっているところには、専門家が言うところの前湾があり、古人類学者なら背骨が全部そろっていなくてもそれを判別できる。[43] これは病変ではない。たんに脊柱の下方にある内向きのカーブの名称で、生体力学的にバランスをとるために重要な部分である。背骨の目立つカーブのところにある腰椎は、背中側の骨の高さが腹側の骨の高さよりも低いくさび形をしている。ルーシーとその仲間のアウストラロピテクス属は背骨にこのカーブがあった。つまり、頭蓋骨、足、腰などのほかの特徴と考え合わせると、彼らがわたしたちと同じように歩いていたことが示唆される。彼らの骨は特定の姿勢で立ったり動いたりするようになっているのだ。彼らが生きて動き回っているようすを見るには数百万年遅すぎるが、そのさまを心に描くことはできる。

　さて、ルーシーはおそらくわたしたちの直系の祖先ではない。現存種から古代の種へと細い系統をたどって直線を引くことは、たいていは不可能とは言わないまでも、きわめて難しい。ルーシーはピカイアやティクターリクと同じように、重要な解剖学的変化がどのように起きたのかを理解する助けとなる移行形である。現在、アウストラロピテクス・アファレンシスは、わたしたちヒト属、ホモの最初の一員が出現する直前の数々の祖先候補と同じくらい有力でしかなく、さらなる化石記録からもっと適した候補が見つかる可能性もある。それでもルーシーとその仲間の骨は、三二〇万年前までにはヒトが、それよりほんの数百年前まで樹上世界の暮らしに長けていた祖先の柔軟な肩、長い腕、かぎ状の手を維持しながらも、直立姿勢で歩き回るのに適した背骨、骨盤、足などを持っていたことを教えてくれる。

わたしたちは自分で思っている以上にその過去の遺産を受け継いでいる。ルーシーとその仲間はわたしたちとそれほど変わらない。始祖鳥と芝生の周りで羽ばたいている鳥、あるいは今日のウマとその祖先で複数の蹄を持つ小さなエオヒップス（あけぼののウマ）のほうが、わたしたちとアウストラロピテクス・アファレンシスより、骨格の違いが大きい。ルーシーはわたしたちより小柄で、あごが顔の前に突き出ており、広い額もその内部の拡張された脳もなく、胸郭は漏斗型だ。けれどもさまざまに異なってはいても、広範な進化上の変化という背景に照らせば、そうした差異は実際にはきわめて小さい。言い換えれば、骨がわたしたちのものと多少違うように見えたとしても、ルーシーはまちがいなくヒトである。

暗い展示室で、わたしたちの種の骨がルーシーの隣に並べてあればよかったのにと思う。そうすれば同じヒトとしての類似点は一目瞭然だっただろう。くわえて、見ている人が自分の体内にあるものへの理解を深められたかもしれない。わたしは確かに、ルーシーを見るころまで、自分の骨格についてよくわかっていなかった。ちょうどそのころ、わたしはラトガース大学で人骨学の授業を受けていた。寒い秋の夕方、外の冷え切った空気のなかで待つよりましというだけの理由で、わたしは早く教室に入った。素性のわからないほんものの人骨が、扉の横の金属スタンドに立っていて、骨に黒インクで書かれた名称が消えそうになっていた。わたしはそれまで人間の骨を真剣に見たことがなかった。博物館でいくつか、たいていは化石展示室へ向かう途中にそばを通り過ぎたことがあるし、漫画や映画などの大衆文化に描かれているものはたくさん見ていた。それでも足を止めて、肉の下に隠れているその必要最低限しかない美しさに見とれたことはなかった。人間にはステゴサウルスのような派手な装飾はない。巨大な地上のナマケモノ、メガテリウムのように、たくましくてこれでもかというほど大きく見える骨もない。人間は脊椎動物にしてはかなりシンプルだ。だが、ほかの生きものと比べて見劣りするとはいえ、人間の骨にはすばらしい部分がある。わたしの目を引いたのはひじだった。

それまで、自分のひじ関節がどうなっているかをまじめに考えたことなどなかった。肩からひじまでの上腕骨と、ひじから手首までの橈骨《とうこつ》と尺骨《しゃっこつ》が出会う場所であることは知っていた。ひじの端にあって打つとビリっとする「ファニー・ボーン（おもしろい骨）」は独立した骨ではなく、悲しいかな上腕骨でもなく、尺骨の一部であることも知っていた。けれども、その晩まで、関節を描けと言われても何も描けなかった。まったくわからなかったのだ。想像するに、骨はただ……何かこう、ちょうつがいのようなもので組み合わされている……のか？　骸骨のたれ下がった腕を持ち上げて、片手に上腕、もう一方の手に前腕を持ってみて初めて、わたしは理解し始めた。上腕骨の端は横に広がっていて、前側に奇妙な糸巻きのような突起物があり、後ろ側にへこみがある。尺骨は先端がU字型になっていて、そこにぴたりとかみ合い、上腕骨の端に沿って前後にスライドする。むろん生きているときには、その部分は軟骨のクッションで保護されている。どのような冶金家でも機械工でも、これほど美しい関節は作れない。さらにすばらしいことに、橈骨は尺骨ほど関節には貢献していないが、その端が丸みを帯びて、てっぺんが平らなきのこの帽子のような形をしているため、尺骨の上を前後に回転することができる。これはきわめてシンプルでありながら、人間の繁栄にとってもっとも重要な要素のひとつである。

要点をわかりやすくするために、ふさふさの相棒に登場してもらおう。愛犬ジャーマン・シェパードのジェットは、イヌがまだオオカミだったころにやっていた持久走に最適な前脚を持っており、それはおもに前後に動く。わたしが自分の手のひらを上に向けて「お手」を命じれば、ジェットがその上を肉球でポンとたたくのは彼にとって簡単だ。しかし、もしわたしが手のひらを横に向けていたら、ジェットはそれをたたくことも握ることもできない。お手をするために前脚全体を横に向けなければならず、またそうするためには前脚の動く範囲に合わせて体をひねらなければならないからだ。ところが、愛猫マルガリータはいとも簡単にその芸当をやってのける。ネコ科の動物は、ガゼルでもおもちゃのボールでも、えものを抱えるようにつかむ。ネコの前脚は曲げやすいまま進化してきたため、人間の手のように、両前足を向かい合わせにしたり、顔のほうへ向けたりできる。それはみな三つの骨が組み合わさっているおかげなのだ。本書を読みながら試してみることもできる。まず手のひらを下に向けて腕を前に伸ばす。それから手のひらを上に向ける。あなたの橈骨がほとんど動かない尺骨の上を転がっていくはずだ。もう一方の手で尺骨の端、ひじのおもしろくもない「おもしろい骨」を触りながら、手のひらを上にしたり下にしたり回転させてみよう。尺骨はほとんど動いていないだろう。この柔軟な動きは樹上生活をしていた霊長類の祖先のおかげである。ひじ関節は木の上の三次元生活で自分たちを取り巻く環境とうまくやっていくために取り入れられたものの名残であり、わたしたちの可動範囲に影響するふたつの骨が連結する場所なのである。

関節は、立つ、走る、つかむ、座る、そしてわたしたちの体でできるそれ以外のすべての行動を決定づけている。これは見落としがちなポイントだ。人間の生活を構成している道具や建造物など、わたしたちの周囲の世界は、関節ができること、できないことに基づいて形作られている。たとえば、もしあなたがシカのような姿だったら、車の座席に心地よく座ることなどとてもできなかっただろう。わたしたちの動き、暮らし方は骨に縛られているのである。

横道にそれるが、少しのあいだわたしの大好きな恐竜に話を戻そう。映画『ジュラシック・パーク』の影響で、ヴェロキラプトルの一般的なイメージは、薬指と小指を折りたたんで、手のひらを下に向け、残りの三本をカーブした鉤爪にしたような感じである。迫力満点だ。ただし、じつは恐竜にそれはできなかった。少なくとも同じような姿勢で実行することは不可能だった。ラプトルなどの恐竜の手首は人間のように回転しなかったのである。それらは可動範囲が狭く、どちらかといえば上下の動きに限られていた。鳥の翼の単純なちょうつがいのような動きを思えばよい。こうした恐竜は静止しているときには鉤爪のついたその手を、手のひらを合わせるような形で保っており、手のひらを下に向ける動きは腕全体を使わないとできない（ラプトルのような恐竜の数種類は、初期の鳥のような形で空へ羽ばたくときにそうしていた）。拍手はできるが相手をたたくことはできないのである。人間ではなく、高度な知能を持った恐竜が地球を支配する世界では、金槌のような簡単な道具でさえ存在しなかっただろう。恐竜はわたしたちと同じように、それを使うことはできず、現在のカラスのように口と翼を頼りに、自分たちに適した道具を使っていたことだろう。わたしたちのすばらしい手が驚くほど自由に曲げられる付属肢であるという事実は、ほかの動物には閉ざされているさまざまな可能性を切り開いた。関節こそができることとできないことを決定づけるのだ。そしてもうひとつ、特別に取り上げたいものがある。それはあまりに普通で、わたしたちの生活の一部になっているため、本当はいかに不思議なものであるかを見落としやすい。

腱のなかに並んでいる種子骨を除いて、体内にある二〇六個ほどの骨は、たがいの連携に頼っている。頭蓋骨ではいくつもの部分が結合してひとつのユニットを作っており、背骨は柔らかく湿った軟骨の円盤で隔てられたばらばらの脊柱が湾曲しながら積み上がっていて、肋骨はそれぞれが脊柱に接合している。骨盤は柔軟だが割合に単純だ。これは臼状関節で、大腿骨の頭が骨盤の両側にある小さな椀状のくぼみにきちんと収まっている。ひざは単純なちょうつがいだ。わたしたちの足は行きたい方向へ前後に繰り返し動いて歩くように進化したため、回転の働きはあまりない。しかしながら、肩は今でもわたしを混乱させる。歴史的に見ても、日常生活においても腕と同じくらい人間にとって大切な肩ならば、腰のようにしっかりとした関節で腕が体に接合していると思うだろう。ところが、わたしたちの腕は骨格の外側に浮いているように見えるのだ。大学の教室にあった骸骨も、今わたしのデスク横に置いてある骨格モデルの「スタン」も、腕と体をつなげるために特殊なナットとボルトと支柱が必要である。ならば、生きているときはどうなっているのだろう?

肩甲骨は解剖学的に風変わりである。それは背中にある三角形の骨で、肋骨の後ろですべるように動く。わたしたちの祖先がデヴォン紀の海で尾を振って泳いでいたころに決定づけられたその配置は、人間の歴史にとってきわめて重大な進化の偶然のひとつだ。たとえば、人間が上手投げでものを投げられるのはおもにそのおかげである。もし人間の肩甲骨がイヌやネコのように横に広がるように配置されていたら、マンモスに向かって槍を投げつけたり、速球を投げたりするために腕を回転させることはできなかったはずだ。サファリの旅行客に怒ったヒヒがやっているような下手投げしかできず、夏の終わりを飾るメジャーリーグの優勝決定戦は野球ではなくソフトボールだっただろう。むろん、そのようなものの発明に手が回ればの話だが。

しかしながら、肩が体のそれ以外の部分に接続するところで、何やら妙なことになってくる。肩甲骨の片端は上腕骨を受け入れられるよう椀状になっているが、そのすぐ上にある小さな突起だけで鎖骨とつながっていて、その鎖骨が胸の中央にある胸骨に固定されているのだ。構造全体が信じられないほど貧弱に見える。指先の小さくて平らな指骨から腕を通って肩甲骨までの一連の骨全体が、喉元にある鎖骨のほんの先端だけで、まさに残りの骨格とつながっているのである。それでいて、裏を返せばその貧弱さが柔軟さとなり、わたしたち人間が周囲の世界を巧みに操作して暮らすことを可能にしている。これは類人猿だった祖先からの贈りものだ。何百万年ものあいだ木々の上で遊び戯れていたことが、驚くほど秀でた上半身につながって、子孫が思うままに世界を形作るようになるとは、彼らは夢にも思わなかっただろう。

しかしながら、初期の類人猿には、長時間の直立歩行に適した足はなかった。化石人類の乏しい記録と現生類人猿からわかっているところでは、彼らの足はむしろ手のようで、つま先が丸まっていて、足の裏が手のひらに似ており、ものをつかめるように親指が横に飛び出ていた。そのため大型類人猿は短いあいだ直立で歩くことはできるが、バランスを崩さないように胴体を左右に揺らさなければならず、とりわけ長時間直立姿勢をとり続けるのは苦手である。わたしたちの祖先はチンパンジーと同じではないが――チンパンジーもヒトの系統と同じくらい長いあいだ進化を続けてきている――化石の痕跡から、ルーシーよりも前の初期のヒト、アルディピテクス・ラミダスはそのような足をしていたことがわかっている。「アルディ」は妙な足取りでよちよちと歩き回らなければならなかっただろう。直立歩行は人間らしさの原点ではなかった。人間は、もっとも近い類人猿の仲間とさほど変わらない木の上の生活から始まったのである。

直立歩行に適した足の獲得は少なくとも、大人になったときに大きな脳を持てるよう柔らかい頭を持って未熟なまま生まれるのと同じくらい、人類史上最大の進化におけるトレードオフのひとつである。樹上生活に適した、木の枝をしっかりと上手につかめる足は、森のやぶや草原を繰り返し踏みつけて歩き回ることは不得手だ。そこで足は変わらなければならなかった。親指が横に飛び出るのではなく、他の指と同じようにそろって前方を向いている短いつま先が選ばれたために、手のような器用さが失われた。むろん、つま先をぴくぴく動かすことはできるが、手と比べれば、足は単純なちょうつがいで前から後ろへと動くだけの柔軟性のない構造である。足首から先をいろいろな方向へ動かそうとしてみればよい。足首がねじれないため、足首より上の足全体を動かさなければならないはずだ。骨は可能性を開くと同時に、制限も設けるのである。

人間の進化はそれほどまで曲がりにくい足を与えざるをえなかった。たとえば、鳥やその祖先である捕食者の恐竜には、えものを切り裂き、捕まえ、動かないように押しつける足が必要だった。そのため、裏庭の鶏や砂漠のオオガラスはアロサウルスとそれほど違わない。ところが、ヒトの系統では、木の上から下りてくるということは、支えとしてつかまるものがなくなるということを意味していた。一歩ずつ進むときの衝撃を吸収するのはもちろんのこと、一歩踏み出すたびに地面を蹴って次の一歩を繰り出す姿勢を作るために、異なる足の形が必要だったのだ。その動作は、人間の世界では息をするのと同じくらい自然なことである。わたしたちは歩きながら次の一歩のことを考える必要などない。けれども、少し時間をかけて立ち上がり、ゆっくりと歩いてみてほしい。足の動きに神経を集中させよう。一方の足のかかとが接地して、親指のつけ根が地面にあたり、親指に重心が移って、足が地面から持ち上がる。そのとき体重はもう一方の足にかかってバランスが取られている。不思議な気分だ。だが、この基本かつ奇妙な感じのする動きがもっとも人間らしいもののひとつであり、少なくとも三七〇万年は続けられてきたことなのである。

人類学者はわたしたちの祖先やその仲間の動き方について詳細に論じることができ、また論じてもいるが、人類学者メアリー・リーキーによって発見されたタンザニアの道が、鮮新世にはすでにヒトが現在のわたしたちと同じ歩き方をしていたことを示す決定的証拠となっている。骨や生きものそのものを見るほど魅力的ではないものの、足跡は行動の化石である。それは石のなかに閉じ込められたほんものの一瞬だ。ラエトリとして知られるタンザニアの道には、柔らかい火山灰の層を歩いた少なくとも三人のヒトの足跡が記録されている。家族、子どもを連れたカップル、赤ん坊を腰で抱いた母親を含むペア、あるいは異なる時間に同じ場所を通りかかったまったく関係のない人々にいたるまで、研究者によってさまざまな解釈がなされているが、残念なことに、どれが正しいかを知る方法は永遠にないかもしれない。たとえば、海岸に行けば、多数の無関係な人があたかもたがいに追いかけたかのように横切ったり重なったりしている足跡があっても、それは実際には異なる時間に残されたものである。唯一確かなことは、ラエトリの人々が直立歩行をしていたことだけだ。そしてそれこそがこの生体力学物語の鍵である。こぶしの痕跡はない。つまり、その人々が四つん這いになった形跡がない。灰に残されていた記録はわたしたちによく似た足の解剖学的構造で、おそらくルーシーに近い仲間のものだろう。三七〇万年前までに、初期のヒトの足はすでに親指がほかの指と並んでいて、古代の風景のなかをまさに胸を張って歩くことができたのである。

解剖学的構造におけるこうした重大な変化の出現や喪失は進化の過程で起こる。自然選択やその他の進化の力が人間の姿を決定づける。もし人類が自滅の習性を克服できるなら、そうした力はわたしたちを変え続けるだろう。人は今も進化している。その変化は、遺伝子上はもちろん、遊牧民の生活様式がほとんど失われ、座ったままの生活や農業の暮らしに移るのに合わせて微調整されている、あごなどの解剖学的構造や顕微鏡でしか見えないような骨の構造においてもたどることができる。祖先が用いた動き、あるいは用いなかった動きもまた、わたしたちの骨格にその痕跡を残している。

骨は顕微鏡レベルでつねに動いているが、行動や運動でその形を変えることはできない。長い頭蓋骨を持つ多くの文化が歴史を通して行ってきたように、人工的に骨の形を変えることはできる。また、成長や老いに合わせてまちがいなく形は変化する。しかし、いくら動いても揺すっても、骨は大きくもならなければ、まったく異なる解剖学的構造にもならない。総合格闘技のUFC（アルティメット・ファイティング・チャンピオンシップ）ファイター、ロンダ・ラウジーにしても、闘技の前に体格を調整するからといって異なる骨格を作り上げたりはしない。それでも、日々の活動が骨にまったく変化を与えないかというと、そうではない。行動が引き起こす骨格内部の変化の状況は観察できる。座ってばかりのライフスタイルが原因で人類に変化が起きていることを、二チームの骨学者が突き止めている。

現生と化石の両方の親戚と比べると、わたしたちはかなり軽量級で、人類学者が言うところの華奢な骨、すなわち体の大きさに比べて相対的に骨質量が小さいという特徴を持っている。つまりそれは割合に貧弱で、骨粗しょう症のような骨の病気にかかりやすいという意味でもある。そしてその原因は、動かない生活が骨を変化させたからなのだ。二〇一五年に発表された、たがいに補完し合うふたつの研究が、その変化をきわ立たせている。[44]体の異なる部位に着目して――一チームは大腿骨上部、もう一方のチームは手足の関節に近い七か所の骨部分――高解像度CTスキャンを用い、研究者は小柱骨の密度を求めた。これは特殊なタイプの骨で、特に身体活動の負担がかかる関節周辺にあり、骨のなかで柱を作って支えている。いずれの研究でも、体を動かさない農業後の社会ではまさに骨が怠けていることが判明した。ほかの霊長類、ヒト族はおろか、ホモ・サピエンスの個体群と比べても、座っていることが多い文化圏の人々は小柱骨の密度が低い。それとは対照的に、活動的な狩猟採集文化圏の人々は骨の密度が高く、骨内部の構造は同じ体格の人間以外の霊長類に期待されるものに近い。実際、化石人類のなかには今日のわたしたちの二倍を超える小柱骨密度を持っていた例もある。彼らは活発に動き、大地を移動し、わたしたちよりもずっと身体的に自然と関わっていた。一方のわたしたちはこの変化のせいで、たとえ毎日戸外で運動をしていても、また肉体労働で生計を立てていてさえ小柱骨の密度が下がっており、晩年に骨粗しょう症を発症するリスクが上がっている。

最近の人々の骨密度の低下が食事と日々の活動の影響を受けていて、活動量次第で人によってさまざまに異なっている可能性はある。けれども、その反面、これはほんものの進化上の変化で、人類がほぼ全面的に農業と穀物ベースの食事を中心としたライフスタイルに切り替わったことが、わたしたちの骨の構造に継続的な影響を与えているのかもしれない。いずれにせよ、地球上を移動しながら氷河期をわがものにしようとした人々と比べると、わたしたちはかなりひ弱に見える。そしてこうした構造は地球上の暮らしだけに関係しているのではない。探検の場を、さらには新たな故郷の候補地を求めて太陽系のほかの惑星に目を向けるなら、日常生活の活動に対する骨の反応はきわめて重要な要素である。宇宙空間で骨の健康を維持する問題が解決できなければ、月より遠くへは到達できない。

探査機レベルを超えて火星に行くとなると、打ち上げ、栄養、宇宙船内の快適さ、着陸、生命維持など、考えなければならないことが山ほどある。しかしながら、あまり話題に上らないのが、骨をどうするかという問題だ。骨は身体活動によって成長する。動くのをやめれば、骨にもわかる。骨はカルシウムを血流や尿に廃棄しながら自分たちの分解と吸収を始める。結果として、骨折の危険が高くなる程度まで骨が弱くなることは言うまでもない。宇宙空間の無重力によってそれが宇宙飛行士に起きていることはすでに知られている。軌道上の宇宙ステーションは基本的に空気の抵抗を受けない自由落下状態で地球の周囲を回っているためだ[45]。たとえば、宇宙ステーション・ミールに滞在していた飛行士の分析から、ひと月ごとに骨量の一〜二パーセントが失われることがわかっている。そしてそれは平均でしかない。宇宙飛行士によっては、六か月の任務で骨量の二〇パーセントも失ったと記録されている。これは重大な変化であり、赤い惑星を歩いて探索したい人にとっては問題だ。NASAの推定によれば、火星到達まで九か月かかる。宇宙飛行士が史上初めて火星の大地に降り立つと想像してみよう。金属製のチューブ型の機体に押し込まれて、凍えるような何もない空間を高速で移動する日々を乗り越え、待ちわびた瞬間がやってくる。彼らは宇宙服を身につけ、未知の環境から身を守るためにすべてが密閉されていることを確認する。そして興奮収まらぬなか、着陸船のはしごからひょいとジャンプしようと最後の一段を飛び降りる。火星に降り立って最初の言葉はあまり詩的ではないかもしれない。「痛っ！」弱くなった腓骨《ひこつ》が折れる。

だが、この問題を回避している動物が少なくともひとついる。もし宇宙探査用にアメリカクロクマを訓練できるなら、NASAはおそらく実行するに違いない。

クマは冬の正しい過ごし方を知っている。スキーはしない。家の前の雪かきもしない。寒いあいだ眠るために雨風のあたらない場所に丸くなる。できることならわたしもそうしたい。今述べたように、骨はみずからを再生し続けるにあたって運動が必要な反応性の組織なのだから、あまりにも長いあいだ動かずにいたクマ類は、とにかく動かなければとばかりに、ひ弱な体でほら穴からよろよろ出てくると思うだろう。ところがそうではない。クマの体は化学的に、たとえ眠っていても骨が損なわれないよう保たれているのである。冬眠していた一三頭のアメリカクロクマを調べた二〇一五年の研究で、生物学者メーガン・マギー・ローレンスらは、クマの体が冬眠中に骨の形成と吸収の両方を遅くできることを発見した。[46] その鍵のひとつはCARTと呼ばれるタンパク質である。冬眠中のクマでは体内にあるこの生体分子のレベルが通常の一五倍に跳ね上がり、骨から血中に流れ出すカルシウムの量を抑えていたのだ。それと同時に、新しい骨組織の形成に関わっているBSALPとTRACPというふたつのタンパク質が減少していた。これらのバランスによって、クマの体は新しい均衡状態で保たれる。冬眠中にカルシウムの取り込みも排出もない閉鎖系になるクマは、ひょっとすると、未来の宇宙飛行士が低重力の長旅を乗り越えるためのモデルになるかもしれない。クマの骨を手がかりに、研究者は宇宙飛行の骨問題を克服できる可能性がある。

しかしながら、宇宙でもわたしたちが暮らす地球でも、骨は周囲の状況によって形作られる反応性の組織である。それは壮大な進化――悠久の時を経て、いかに自然選択が特定の道を開き別の道を閉じたかを探る手がかりを教えてくれる骨の変化――という点でも、骨の使い方が骨に刻まれていく日々の生活という点でも同じだ。骨は進化と個人の物語のタイムカプセルである。だが、それだけではない。生活のなかで起こる打撲、骨折、病気もまた、骨に消えない痕を残している。

XXXV

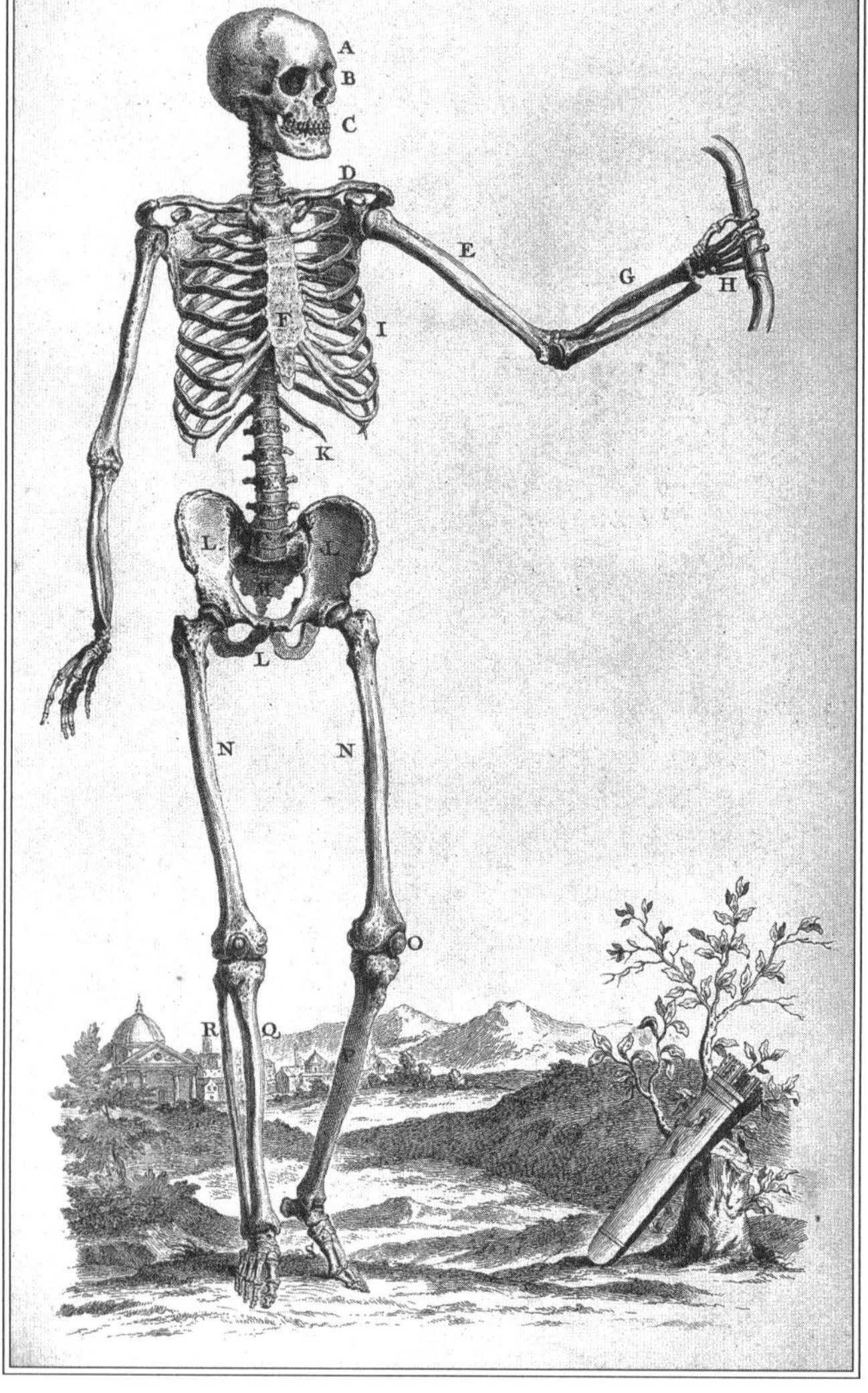

# 第5章　骨を折る

体のいろいろな部分と同じように、骨も環境に反応する。紙で指を切れば（本書のページでなければよいのだが）、血小板が露出した血管を塞いで、皮膚はやがて元どおりに編み直される。骨もほぼ同じことができる。骨が折れれば、体はただちにふたつに分かれた部分を元に戻す修復プロセスを開始する。骨の成長と維持の手順が、内蔵修復システムの役割も果たしているのである。けれども、ときに骨は期待どおりに働かない。内部を支える柱であるはずの部分が、ほかの組織に対する監獄のようになり、体を勝手な形に変えてしまうことがある。そうした例は、骨が何よりも生々しくわたしたちの命の物語を伝えていることを痛烈に思い出させる。

わたしたちは骨と深い関係にあるが――今このときにも骨は体のなかにある――骨を物体として見てしまうことが少なからずある。人類学者と解剖学者はあれやこれやと頭蓋骨などの骨を見て、その人物がどれくらい古いのかを述べたり、骨にある痕跡から別の手がかりを発見したりするが、大まかに言えば、肉をはぎとられた骨は物語も一緒に取り除かれているように見えなくもない。ただし病理学だけは例外だ。

病理学は生物学的な想定外を研究する学問である。たいていの場合は病気とけががその対象だが、これまでに述べたコルセットの影響や頭蓋骨の変形といったその他の変化も、有害かどうかにかかわらず、その研究領域に入る。短く言えば、病理学とは、完全な人間の骨格の理想的な姿と骨を比較して、標準にあてはまらないものを見つけることである。それぞれの解剖学的な逸脱は病変と呼ばれる。

病変はその人が送った人生の、つまり折れた骨や患った病気の手がかりだ。そうした傷の直接の理由がいつも明らかになるとはかぎらないが、その人がかつて生きていたこと、そしてまだ伝えるべきストーリーがあるということを強く思い出させるものであることに変わりはない。回復途中の肋骨にある骨の膨らみや、大腿骨にあるひびのかすかな痕跡は、汚れひとつない頭蓋骨よりも強く、死者とわたしたちを結びつける。病変は、わたしたちとそれを持っていた人との距離を縮めて、骨が汚れのない状態だったら頭をよぎることもなかったかもしれない疑問を投げかける道しるべである。

おそらく本書全体を病変のある骨の例で埋め尽くせるのではないだろうか。ほぼすべての骨には何らかの傷痕があるだろうし、実際にいくつも見つかっている。傷のない骨などない。存在も知らなかった小さな足指の骨折や、治療されなかった虫歯でも傷は傷だ。そのため病変は見る人と会うこともない人々との架け橋になれる。骨が示しているさまざまな欠陥は、恵まれたものであれ、長く苦しんだものであれ、人の生涯についての物語である。

一方、病理学はおもに人間による人間のための科学として誕生したが、人間だけにあてはまるものではない。そもそも骨格を持つ生きものは人間だけではなく、骨の成長、骨折、回復の状況はほかの脊椎動物でも同じである。実際、化石記録に残されているたくさんの証拠によれば、わたしたちが被っている骨のけがの多くは現代だけのものではない。打撲や骨折のリストは気が遠くなるほど昔にまでさかのぼり、その傷のひとつひとつが、博物館でわたしたちの想像力を駆り立てる生きものの物語に若干の趣を加えている。実際、太古の哺乳動物や巨大な恐竜の不思議な骨格の印象があまりに強すぎて、失われて久しい、類まれな一生の明らかな証拠であるそうした手がかりが見落とされることもある。

わたしのお気に入りのひとつは、米国立自然史博物館四階のくぼみに立っている。そこはたいていひっそりしている。ミルスタイン高等哺乳類ホールは、近くにある恐竜の展示室ほど観衆を引き寄せない。だがそれこそが、博物館に立ち寄るたびにわたしが必ずメガセロプスを見に行く理由のひとつでもある。巨大なサイのように見えるが、絶滅した哺乳類のグループ、ブロントテリウム科に属しているこの獣の骨格は、幽霊のように白い。三四〇〇万年くらい前に死んでから起きたミネラル化によって、生きている骨のような淡い色合いになっている。それは見事なまでに美しい。だが、目を凝らすと、右側の五番目の肋骨に両隣のものと異なる小さな節のようなものがある。半分ほど下がったあたりに、哺乳類が回復するときにできる、こぶのように成長した骨で囲まれた骨折痕があるのだ。何が起きたのかはだれにもわからない。このメガセロプスは激しく転倒したのかもしれない。もしかすると、現代のヤギュウの戦いのように、ライバルに脇腹を突撃されて骨を折られたのかもしれない。骨に残されている情報からはそこまではわからない。それでもその太古の傷は、その個体の苦痛の瞬間を記録すると同時に、その動物が生き延びたことも伝えている。肋骨が折れ、骨が回復している途中に、何か別の理由で命を落としたのだ。そして先史時代の痛みを表すこの小さな証拠によって、古い骨に対する親しみがほんの少し増す。生き返った骨が博物館の台座から降りて歩き出す姿を想像するときに、頭のなかで肉づけしやすくなる。

　むろん、骸骨は骨だけではない。歯もトラブルを示している。だれでも身に覚えのある虫歯は驚くほど昔から存在する。小さなラビドサウルスを見てみよう。二億七五〇〇万年前のこの爬虫類は反っ歯で噛み合わせが深い、中くらいのトカゲのように見える。テキサス州ベイラー郡で発見されたある標本には、陸上に棲む脊椎動物としてもっとも古い細菌感染の痕跡がある。ひょっとすると固すぎるものを噛んだのかもしれないが、何らかの理由でこの爬虫類の歯が二本折れてしまった。通常ならそれはたいした問題にはならない。爬虫類は生きているあいだずっと、新しい歯が生えてくるからだ。ところがこの事例では、傷ついた歯の根を骨が覆って、細菌をあごのなかに閉じ込めてしまった。この爬虫類はひどい骨の感染症を患い、さらに三本の歯を失って、うみが出るほどの痛みを伴う炎症に苦しんだ。[47] あごの変形の度合いから、この爬虫類はけがをしてからしばらく生きていたことがわかっているが、えものを食べるたびに、さぞかしひどい苦痛を味わったことだろう。

そして、恐竜が関節炎を患っていたことは知っていただろうか？　残念ながら年齢が上がるにつれて、わたしたちの多くは一般的な関節痛に悩まされるようになるが、化石記録によれば、あの「凶暴なトカゲ」までもが今日のわたしたちと同じ痛みに耐えていた。周辺組織がなくなったときの骨の反応がそれを伝えている。関節炎には多くの異なる型があるが、一般には、関節のクッションになっている軟骨がすり減ったり削られたりして、骨同士がぶつかるようになり、その接触しているごつごつした部分に新しい骨が成長するために生じる。それは長生きの代償のひとつだが、それ以外の原因でも関節炎は起こりうる。開いた傷口から細菌が直接関節にたどり着き、微生物が軟骨を蝕んで、そこに居座ってうみを出す場合がそうだ。[48]ニュージャージー州にある六六〇〇万年前の砂の多い泥灰土で発見された、シャベルのようなくちばしをした恐竜の下肢のひと組みの骨は、そのもっともひどい症例のひとつである。古生物学者ジェニファー・アンネらによれば、癒着して見つかった二本の骨はそれらが接する関節のところで端に向かって「カリフラワーのような見た目」をしていた。その化石について発表した古生物学者はそれを「『泡状』の骨のかたまり」と表現した。この恐竜の骨組織が死にかかり、それを補うために急いで新しい骨が作られたのである。恐竜は関節のクッションとなる軟骨が腐食する化膿性関節炎だった。それは痛みを伴った。そして骨の成長具合から見て、この恐竜は白亜紀の末期に力尽きるまで、その問題を抱えながら長いあいだ生きていたことになる。

化石生物のこうした問題を見抜けるのは、ひとつにはわたしたち自身が経験しているからでもある。いわば病理学の斉一論だ。骨が誕生して以来、脊椎動物が対処しなければならなかった同じ外傷や疾病に対しては、わたしたち人間の骨もほぼ同じように反応する。硬い内部骨格を持つということにはそれなりの欠点があり、時代を超えた病理学者が、骨を持つがゆえに生じるリスクについて述べている。少し立ち止まって、そうしたさまざまな変化について考えることには価値がある。なぜならそこでは、骨にできること、骨が耐えられること、骨の自己回復のようすが、思いがけず表面に現れているからだ。

病変はまた、わたしたちに近いヒト族の親類や祖先の先史時代の行動について大きなヒントを与えてくれる。かつて虫歯は、農業が誕生してでんぷん質の食事への依存が増した比較的現代の問題だと考えられていたが、モロッコにあるおよそ一万五〇〇〇年前の考古学遺跡から、そこに埋められていた狩猟採集民が穴だらけのかなりひどい歯をしていたことがわかっている。[49]そこから出土した成人の骨のおよそ半数に虫歯があった。おそらく同じ発掘現場で見つかったドングリとマツが原因だろう。かの人々は植物のスイーツが大好きだったのだ。そこで現代の炭酸飲料常飲者と似たような歯になった。そして、虫歯になるとどうなるかを知っている、発掘を発表した研究者は、こうした狩猟採集民は「頻繁な歯の痛みとくさい息に悩まされていただろう」と結論づけた。[50]彼らが人類初の歯の治療より一〇〇〇年も前に暮らしていたことを思えばなおさらである。

化石になるのは悪習慣だけではない。化石人類の病変には、かなり長期にわたってたがいに面倒をみていたことを示す記録も残されている。ケニアのコービ・フォラで発見された一七〇万年前のホモ・エレクトスの骨、KNM－ER1808は古人類学者のあいだでは名の知れた頭蓋骨である。[50] ところがこの人物には異常があった。女性と判別されたその骨は典型的なホモ・エレクトスに見られるものとは異なっていた。頭蓋骨とあごに傷痕があり、骨膜――生きている骨を包んでいる膜――が何らかの病変に反応した形跡があって、骨には死ぬ間際に出血した痕が残っていた。[51] それらのヒントから、研究者は彼女がビタミンA過剰症だったと考えた。名称から想像がつくように、これは魚、あるいは人類学者の見解では、ライオンやハイエナのような肉食性哺乳類のレバーなどからビタミンAを取りすぎると出る症状である[53]（別の所見によれば、ミツバチの幼虫を食べても同様のビタミンA過多は起こりうる）。直接の関係が何であっても、この人物は明らかに、苦痛を伴う病変が骨に蓄積するほど長いあいだ病気を患っていた。仲間の援助と介護がなければそれほど長くは生きられなかっただろう。初期の人類は荒っぽい野蛮人として描かれることが多いが、それとは裏腹に、彼らは病気を認識し、たがいに生きていけるよう助け合っていたのである。

骨は人類が受け継いできた歴史である。そこには進化の歴史と個々の生態だけでなく、生き方や苦痛も記録されている。骨病理学はむろん細菌感染、関節炎、梅毒を含む病気を扱うが、虫歯や小さな骨折などの一般的な症例もその分野の研究範囲に入る。わたし自身もその一例だ。一〇歳のとき、わたしは祖父母の家から古くて細長いスケートボードを借りてきた。それにまたがって家の車庫の前の私道を滑り降りて楽しんでいると、母が立ってみたらと提案した。即座に転んだわたしは地面に激しく手を打ちつけて、橈骨を折った。亀裂は入ったけれども完全には折れていない若木骨折だった。その夏は、ギプスをはめた腕をゴミ袋に包んでプールに浮いていた記憶がたくさんある。ありがたいことに、成長と維持という同じプロセスによって、わたしの骨はやがて骨折部分を修復し、おそらくそこにあった形跡を完全に消し去っただろう。わたしは今でもそのちょっとした事故を思い出させるX線写真を持っている。だが、もっとひどくなる可能性もあった。骨が実際にふたつ以上の断片にポキンと折れる完全骨折だったなら、治癒するまでに多くの時間がかかり、壊れた部分が正しくつながるよう注意深く見守る必要があっただろう。医学の介入がなければ、そのような骨折はきちんと修復されるとはかぎらない。骨はいつもどおりに完全に折れた部分をつなごうとするが、まっすぐにならず、勝手な方向に伸びてつながって、動きが制限されてしまうかもしれない。極端な例では、骨が折れた両側から新しい組織を作ってつながろうとしたものの最後までつながらず、偽関節と呼ばれる本来は存在しない関節を作ってしまうことがある。そのような症例を見ると思わず身をすくめずにはいられないが、それでもそれは、骨がいかに万能であり、順応しやすいかを伝えている。

しかし、先史時代の友人を見ればわかるように、骨折や明らかな外傷の痕跡だけが病変の始まりではない。疾病、栄養、それ以外の外的要因もまたその一端を担っている。たとえば、十分なビタミンCを欠いたままでいると、骨組織が薄くなって折れやすくなる。これは壊血病のいくつもある恐ろしい兆候のひとつだ。よって、ラム酒にはライムを絞ったほうがよろしい。同様に、ビタミンDの欠乏が続くと、骨になる前の類骨が適切にミネラル化できなくなって、骨が本来よりも軟らかくなる。そのため、くる病を患っている子どもの足はたいてい内側か外側に湾曲してしまう。これらは生活が体内を変化させる数多くの例のうちのふたつにすぎない。

それから、故意であってもそうでなくても、人間が自分で自分に負わせている病変のカテゴリーがある。時と場所を超えて人々が頭蓋骨の形を変えた方法は、たとえ健康に害を与えなくても病変とみなされ、コルセット、切断、外科手術などで骨の構造が変わった人の状態も同様だ。外傷と同じようにファッションも骨を変化させる。

音楽の求めもまたしかり。一八世紀イタリアのオペラ歌手ガスパーレ・パッキエロッティはそれをよく知っていたはずである。出身地は不明だが、パッキエロッティはすばらしいメゾソプラノとして名をあげた。思春期より前に睾丸を除去したことで、彼は独特な歌声を持つことになった。つまりカストラートである。けれども解剖学的構造に与えられた変化の体への影響は、彼の体内の軟組織だけに現れたのではなかった。[54]八〇代前半に死去したと考えられているこの歌手には、歯ぎしりをしていたことを示す歯の磨耗といった病変にくわえて、骨盤に閉じていない縫合線があった。これは通常の男性なら三〇代半ばくらいまでには完全に結合して消えてしまうはずのものである。だが、パッキエロッティが実質的に思春期を通過しなかったことを思えば、驚くほどでもないだろう。去勢されたために、声だけでなく骨も未発達な状態のまま保たれ、通常なら結合するはずの骨の接合部分がつながらなかったのである。

それはエジプトのクエスナでまとめて発見されたもっと古い二組の人骨にもあてはまるかもしれない。[55] 青年期と推定されているわりに恐ろしく背が高いこのふたりの骨格では、本来ならくっついているはずの骨が結合しないまま残っていた。ほかに原因があるかもしれないが、考古学者のスコット・ハドウらは、その普通ではない特徴はふたりが宦官《かんがん》だったことを示唆していると述べている。奪われたものによって、骨格の成長の軌跡が永久に変えられてしまったのである。

さて、激しい転倒であれ、様式の象徴であれ、ここまでは骨が周囲の世界に反応する状況を見てきた。一方で、遺伝あるいは発達段階での違いが原因で骨が通常から逸脱するような、内部から発生する病変もある。体の成長に影響をおよぼす変異によって、骨が苦痛をもたらす、またときに命さえ奪う形に変化することがあるのだ。遺伝子の変化によって、脳下垂体が成長ホルモンを出しすぎると、成長が余分にうながされて巨人症になる。それとは逆に、成長初期に軟骨の形成に問題が生じれば小人症になる。骨のコラーゲン形成に変化をおよぼす遺伝子変異は、医者が言うところの骨形成不全症、すなわち骨がもろくなる「ガラスの骨病」を引き起こすことがある。骨の成長のしかたに変化が起きると、骨の形に大きな影響がおよぶが、骨を折ったり、ぶつけたりしたときに予想もしない状態になって医者に駆け込むまで気づかない場合がある。ムター博物館にいるもっとも有名な人物のひとり、ハリー・イーストラックの身に起きたことがまさにそうだった。

イーストラックの遺骨は博物館の地下で、骨を保護すると同時に彼の身に起きたことが訪れた人によく見えるように、目につきやすいガラスケースに陳列されている。上階の頭蓋骨や、医療倫理が怪しげだった時代に収集された標本とは異なり、イーストラックはみずから希望してそこに飾られている。彼は自分が受けた苦痛から学んでほしいと願ったのである。片側に傾いて、うつむいている彼の骨格には、ごつごつした骨のつっぱりや薄い板がまとわりついている。それはまるで、最初の骨格の上にふたつめの骨格が生えて、イーストラックを体内の牢獄に閉じ込めてしまったかのようだ。あまりの激変ぶりに、目の焦点を合わせて、見ているものを理解するまで少し時間がかかる。整形外科医フレデリック・カプランの記述によれば、「普通の骨格は、生きているときに骨をつないでいる連結組織が取り除かれると、ばらばらになって崩れ落ちてしまう。人間の形で展示するためには、細い針金やのりで元どおりにつなぎ合わせて、関連づけ直さなければならない。本来ない場所にまで骨が橋、板、リボン状に形成された結果（中略）ハリーの骨格はひとつのかたまりとしてほぼ完全に結合している」。[56]

医者はこの病気を進行性骨化性線維異形成症（ＦＯＰ）と呼んでいる。比較的まれな病気で、およそ二〇〇万人にひとりが患っているが、体を衰弱させる病である。同時に、この病気はわたしたちの体にいかに形成力があるかを強調してもいる。骨について考えるとき、わたしたちは骨格を作り上げている個々の骨を思い浮かべる。それらは、足の骨は腰の骨とつながっていて……

等々、決まった配置で組み合わされている別々の物体だ。けれども骨は細胞組織なので、特定の状況下では、本来あるはずのない場所に作られることがある。遺伝性疾患のＦＯＰを患っている人の場合、体内の柔らかい部位が骨に変化する。[57] 靭帯、筋肉、その他の組織が骨化して、支柱や橋になり、内部から体を束縛し始める。カプランはそれを「あたかも武装しているかのように骨を包み込んでいる」と表現した。

医者は少なくとも一八世紀からこの病気を知っていた。ロンドンの外科医ジョン・フリークは一七三六年四月一四日に、幼いころから苦しんでいる背中の腫れを何とかできないかと一四歳の少年が診察を受けにきたと記している。フリークが調べると、骨が「首から仙骨まで、すべての脊柱から生えていた」。つまり背骨全体だ。「同様にすべての肋骨からも突き出ていて、背中全体がひとつにつながり、サンゴのように枝分かれして、まるで骨のコルセットのようになっていた」。[58]

フリークの最初の診断から数世紀経ってもなお、この病気の発見は難しい。[59] ほとんどの症例で、最初は腫瘍や腱膜瘤など別の疾患と誤診されている。この病気を持って生まれた子どもは足の親指に奇形があることが多いが、それでも、骨があるはずのない場所にでき始めるまでＦＯＰに気づかない人もいる。たとえば、息切れを訴えて病院を訪れた二一歳の女性の例では、背中の筋肉とその近くの軟組織が骨になり始めて、胸郭を締めつけていたことがＸ線写真で判明した（そしてこの病気にかかるのは人間だけではない。[60] ネコやイヌのＦＯＰが獣医によって報告されている)。変化が起こるきっかけは単純だ。小さなけがが引き金になって次々に骨化が起こり、たいていの場合は背中側の組織から発生する。イーストラックの場合がそうだった。

イーストラックは一九三三年一一月に生まれた。何年かのちまで、だれも異常に気づかなかった。彼は五歳のとき、姉のヘレンと遊んでいて車にぶつかり、足の骨を折った。骨折はきれいに治らず、その後、足全体がこわばってきたように見えた。医者が診察し直すと、あるはずのない場所、すなわちイーストラックの太ももの筋肉に骨が生えているのがわかった。しかしながら、その時点でもなお、医者はそれがＦＯＰであることや、余分な骨を除去するためのたび重なる手術が実際には症状を悪化させていることに気づかなかった。骨化は執拗に続いた。少しずつ、イーストラックの体中で成長する骨が、彼の骨格をがんじがらめにしていった。やがて杖の力を借りてもほとんど歩くことさえできなくなり、あごは固まって動かなくなった。彼は四〇歳間近で亡くなった。最後の望みは自分の骨を展示してもらうことだった。[61] そうすることで世の人が病気について学び、たいそう苦しんでいるほかの患者の治療につながる秘密が解き明かされるよう願ったのである。今日にいたってもなお、病気を特定してけがを最小限にとどめる以外、患者のためにできることはほとんどない。[62]「その現実はあまりに残酷で、恐ろしく、どうすることもできない」とカプランは記している。「想像の域を超えている」。けれどもイーストラックは情報の源であり、証拠であり、人間であり続ける。「ＦＯＰについて重大な発見がなされるたびに」とカプランはその病気を調べる研究チームについて語っている。[63]「わたしたちはハリーの骸骨のもとを訪れて、その発見の身体的また人類学的事実について確認している」。

イーストラックの身に起きたことは、骨の結合力がこれでもかというほど強烈に現れた例である。骨はいろいろな方法でわたしたちの意表をついて突然現れる。胎児や乳児のときに軟組織が骨になることはわかっている。成長と結合によって、内臓を保護し、筋肉を動かすことのできる生体力学的な器官へと骨を固めるためだ。けれども、そのような変化が人生のもっとあとになって起きることがある。ムター博物館でイーストラックの上階に展示されているゲザ・ウイルメニが、自分の喉頭が骨になっていて驚いたことを思い出してほしい。しかしながら喉は、予期せぬ骨が生えるかもしれない部位として、いちばん恥ずかしい場所ではない。

わたしたちの性器に骨はない。ほかの霊長類にある陰茎骨と陰核骨は、初期の霊長類の祖先が進化するうちに完全に失われた。ネコからコウモリ、サルからウサギまで、ほかの哺乳動物には今でもある。だが、人間にはない。ほかの霊長類にもあるが、わが類人猿の祖先は進化の途中にそれを置いてきた。そのため、男性が陰茎の骨に悩んでいると聞くと少し変な感じがするかもしれない[64]。

読者諸君が今、本書を読みながらもぞもぞと足を組んでいるかもしれないので一応述べておくと、少なくともこれは広く見られる症状ではない。これまでに報告があったのは四〇件ほどだ。したがって解剖学的には統計の外れ値にあたるものだが、その原因からもまた骨の不思議な性質が少しわかるだろう。問題の原因はひとつではない。確かに、根本的な原因は、体のほかの部分とほぼ同じように、骨細胞が働いて軟組織だったものを変化させるところにある。けれども、その変形作用が起きる理由は、腎臓の問題から性感染症や外傷まで多岐にわたっている。たとえば一九三三年に、ある医者が陰茎の先端に骨のかたまりがある一九歳の男性について記しているが、「患者は三か月前、同じ場所に銃創があった」と、のちの医療レビューで病変の原因らしきものが報告されている。もっとも、銃創ができることになった最初の事故に関するおもしろそうなストーリーの記録は残されなかったようである。医者によっては、そのような症状は進化の――そこに骨のあったサルのような祖先への――後戻りだと漠然と考えているようだが、実際には体内のどこにでも、乳房から唾液腺まで骨格とは何の関係もない場所でも、骨は作られるという例のひとつである。

さてここでまた話を転じよう。骨はわたしたちの生き方に反応するため、ときに自分たち人間の生態が原因で骨が思わぬ方法で形成されることがある。ただし、そこには病理学者の低級な好奇心も関わっている。それらは、生者と死者の両方に残された痕跡であり、まさに骨の理解の歴史が骨に刻みつけられたものである。では、頭蓋穿孔を見ていこう。

脳手術は麻酔と精巧な道具の到来を待って始められたのではない。それどころか、数千年前から人類が試みてきた驚くほど古い行為である。その記録が頭蓋骨にある。ヨーロッパから南太平洋、アフリカからアメリカ大陸まで、人々はこの治療法を思いつき、実行し、さまざまな度合いで成功したり失敗したりしてきた。記録に残っている最古の例はスーダンのものである。およそ七〇〇〇年前の集落を発掘していた考古学者が、男性の骨が埋葬された墓を発見した。遺骨は胎児のように丸くなって横たわっていたが、その頭蓋骨に、骨が丁寧にこすりとられた五〇円玉大の穴が見つかった。[65] これは意図的に変形されたものとしてはこれまで発掘されたなかでもっとも古い。残された謎はその理由だ。取り除かれた骨組織には治癒の形跡は見られなかった。この人物が処置の途中で死んだのでなければ、その直後に息絶えた可能性が高い。考古学者ウカシュ・マウリツィ・スタナシェクはまた、体内の霊に逃げる道を与えるなど、何らかの理由で穴が死後に開けられた可能性も指摘している。明らかなのは、これを実行した人間がすでに熟練していたことである。均一で縁がなめらかな傷痕から、これが初めての作業ではなかったことが示唆される。

しかしながら、ほかに例を見ない頭蓋穿孔の専門家はペルーのインカ帝国にいたようである。一四世紀から一六世紀にかけてのインカの全盛期に、八〇〇を超える頭蓋穿孔の例が見つかっており、地理的にその文化圏全体で広く行われていたことがわかっている。[66] こちらについては、人類学者はその慣行がそれほどまでに普及していた理由をうまく説明できると考えている。インカでは、体から放たれるべき霊がいるなどの超自然的な理由に基づいて頭蓋穿孔が行われていたのではない。むしろ、頭蓋骨折の破片を除去するための一種の外科手術だった可能性が高いのだ。人類学者ジョン・ヴェラノによれば、インカの人々は、こん棒や石つぶてなど、鈍的外傷を引き起こす武器を使っていた。そうした武器は刺したり切ったりするのではなく、叩いたり殴ったりするものである。それが原因で頭にひどい傷を受けるため、医学的知識のある人間が頭蓋穿孔を

郵便はがき

料金受取人払郵便

新宿局承認

1993

差出有効期限
2021年9月
30日まで

切手をはら
ずにお出し
下さい

160-8791

343

（受取人）
東京都新宿区
新宿一－二五－一三

原書房

読者係 行

1608791343　　7

## 図書注文書（当社刊行物のご注文にご利用下さい）

| 書　　名 | 本体価格 | 申込数 |
|---|---|---|
| | | |
| | | |
| | | |

お名前　　注文日　　年　　月

ご連絡先電話番号　□自　宅　（　　）
（必ずご記入ください）　□勤務先　（　　）

ご指定書店（地区　　　）（お買つけの書店名をご記入下さい）　帳

書店名　　書店（　　　店）　合

5724

# 骨が語る人類史

ブライアン・スウィーテク 著

愛読者カード

より良い出版の参考のために、以下のアンケートにご協力をお願いします。＊但し、後あなたの個人情報(住所・氏名・電話・メールなど)を使って、原書房のご案内なを送って欲しくないという方は、右の□に×印を付けてください。 □

リガナ
名前　　　　　　　　　　　　　　　　男・女（　　歳）

住所　〒　　－

市　　　町
郡　　　村

TEL　　（　　）
e-mail　　@

職業　1会社員　2自営業　3公務員　4教育関係
5学生　6主婦　7その他（　　　）

買い求めのポイント

1テーマに興味があった　2内容がおもしろそうだった
3タイトル　4表紙デザイン　5著者　6帯の文句
7広告を見て（新聞名·雑誌名　　　）
8書評を読んで（新聞名·雑誌名　　　）
9その他（　　　）

好きな本のジャンル

1ミステリー・エンターテインメント
2その他の小説・エッセイ　3ノンフィクション
4人文・歴史　その他（5天声人語　6軍事　7　　　）

購読新聞雑誌

書への感想、また読んでみたい作家、テーマなどございましたらお聞かせください。

行うようになった。頭蓋骨の死んだ骨を拾い上げ、新しい骨が成長して徐々に傷が癒えるように、均一できれいな穴を作ったのである。

この処置はおそらく見た目ほどには痛くなかっただろう。頭皮には神経や血管がたくさんある。つまり、頭に穴を開けるときには血だらけで痛かったと思われるが、頭蓋骨にはそれらは張り巡らされていない。その必要がないのである。皮膚は外界に関する情報を伝えるバリアだ。骨は、しなやかな海綿骨が密度の高い保護用の骨板にはさまれている特徴的なレイアウトで、内部を保護するためにそこにある。そのため骨を貫通するときよりも身を貫通するときのほうがはるかに痛い。もっとも、頭蓋骨に石器をあてこすっている音を聞くのは一種独特な体験だったに違いない。

治癒した穴の数がすべてを物語っている。[67] 人類学者が調査した穴の八三パーセントは少なくとも治り始めていて、骨の感染症の痕跡は最小限だ。ほとんどの患者は手術に耐えて、傷口は結合し始めるあいだも清潔に保たれていた。それればかりか、穴の位置から、このインカの専門家たちが頭蓋骨について知り尽くしていたことがよくわかる。人類学者によれば「頭蓋穿孔は、筋肉組織やその他の脆弱な部分を避けた頭蓋領域で行われていた」。[68] インカの外科医はまた、慎重に避けなければならないような、脳に押しあてられている血管の位置も把握していたようである。当然のことながら、そのような方法はぜひ覚えて後世にも伝えなければならない。人類のほかの文化すべてと同じように、この手法はインカ帝国中に広まって、時が経つにつれて場所ごとに変化していった。それでも残された証拠から、インカの外科医は自分が選択した方法においては的確であり、その処置がごく一般的な医療だったことがわかっている。明らかに、インカ帝国中で、それらはきわめてありふれた頭部外傷だったのだ。

長い歴史において、骨に外科治療痕を残している医者はインカの専門家だけではない。欧米では、解剖の痕が残っている比較的近年の埋葬地が考古学者によって発見されることがある。脳を研究しようとして頭蓋骨を一周するように切り取った痕があればすぐにそれとわかる。そしてインカの頭蓋骨と同じように、欧米の医学的処置の痕跡が残されている遺骨も、医者の手術についてわたしたちに教えてくれる。二〇一五年にアメリカ科学振興協会の集会でジェナ・ディットマーが説明したところによると、イギリスの病院墓地に残されている骨の手がかりから、一六五〇年から一九〇〇年のあいだに、人体解剖の手法が変化したようすがわかるという。[69]

その話を理解するためにはもう少し情報が必要だろう。ディットマーによれば、墓地で発見された遺骨はほとんどが、ばらばらになった手足や頭蓋骨だった。一体を複数の解剖学の学生で分け合わなければならないことが多かったためである。解剖学指導の全盛期だった一九世紀は特に、死体の需要がつねに供給を上回っていたため、かつてないほど貪欲な医学校に死体を売りつけようと墓泥棒がせっせと商売していたほどだった。適切に手に入れたものか、とんでもない方法かに関係なく、そうした遺骨には医学指導の変化が現れている。解剖器具による切断痕からは、医学生が学習のために体をばらばらにしていった手法がわかる。最初のころは、解剖器具はまったく洗練されたものでも特化されたものでもなく、医療機器というよりはむしろ大工道具のようだった。けれども時が経つにつれて、切断面は小さくなり、切開された体に対する乱暴な扱いも少なくなったようである。死者にとってはどうでもよいことなのかもしれないが、同じ道具で手術を受ける患者にとっては天と地ほどの差がある。

ここまで、本書の物語はそのほとんどで骨の自然史に焦点をあてていた。進化による誕生から、その特徴、外界への反応のしかたまで、骨の一生を追ってきた。けれども病変はしばしば、避けることのできない生と死の結びつきについて語ることがある。中央アメリカの骸骨もそうだった。

二〇一七年、考古学者ニコル・スミス・グズマンらが、いくつもの病変に冒された不幸な一〇代の若者の遺骨について発表した。[70] 西暦一二五〇年以降にパナマのセロ・ブルホに埋葬されたと考えられるその遺骨には、穴のあいた歯、貧血と関係のある脳の損傷、上腕の骨ががんがあった。肉腫によって右上腕骨に痛そうに見える骨の膨らみが作られていて、それがこの人物の早すぎる死を招いたのだろう。骨はゴミ捨て場に埋められていたものの、その埋葬の状況がこの青年の素性を真に伝えていた。彼はきちんとくるまれて、法螺貝などと一緒に丁寧に埋められていた。当時のその地方の文化についてわかっていることをもとに、スミス・グズマンらは、その遺骨が、生とその後に訪れるものとの関係において特別に重要な意味を持っていた人間の骨だと考えている。死が骨のなかで成長を続けるうちに、骨は生者と死者の世界を結ぶ化身となったのだ。ここからは、生者が死者に意味を持たせようとする、そうした世界に足を踏み入れよう。それらは骨学が織り込まれたストーリーである。言うなれば、骨の進化、生体力学、生物学的一生だけでなく、死者である骸骨が生身の人間と交わる物語だ。どのような視点で骨をとらえるのか、またそれらが何を伝えていると考えるのかは、見る人のものの見方によってさまざまに異なる。文化の歴史が、自然史の理解と評価のしかたを変える。もはや語ることができない骨に代わって、生者が語るのである。

# 第6章　骨までしゃぶる

ロンドンのフリート街にある聖ブライド教会を訪れる理由はたくさんある。まず、この英国国教会の礼拝所はイングランドで最古のもののひとつだ。現在の建ものの骨組みは一六七二年の建築だが、教会自体は七世紀から何らかの形で存在してきた。オリジナルの建造物は一六六五年のロンドン大火のときに焼け落ちて灰になったが、まもなく同じ場所に新しく建て直された。それだけではない。何層にもなっている教会の塔は、恋に落ちたパン屋が伝統的な――そして何となく嫌みな――「花嫁のパイ」よりも若干華やかなものを作ろうとしたときのヒントになったとも言われている。そうしてできあがったのが、今でも多くのカップルが嫌になるほど金をつぎ込んでいるあの贅沢に積み上がったウェディングケーキである。それでもまだ十分ではないと言わんばかりに、聖ブライド教会は「ジャーナリストの教会」としても名を知られている。一九四〇年にナチスドイツ空軍に爆撃されたときは、新聞社がその礼拝所の修復資金を出して、現在の姿に再建した。

まるで脳みそのナメクジのように頭の横にスマートフォンをあてっぱなしのビジネスマンをよ

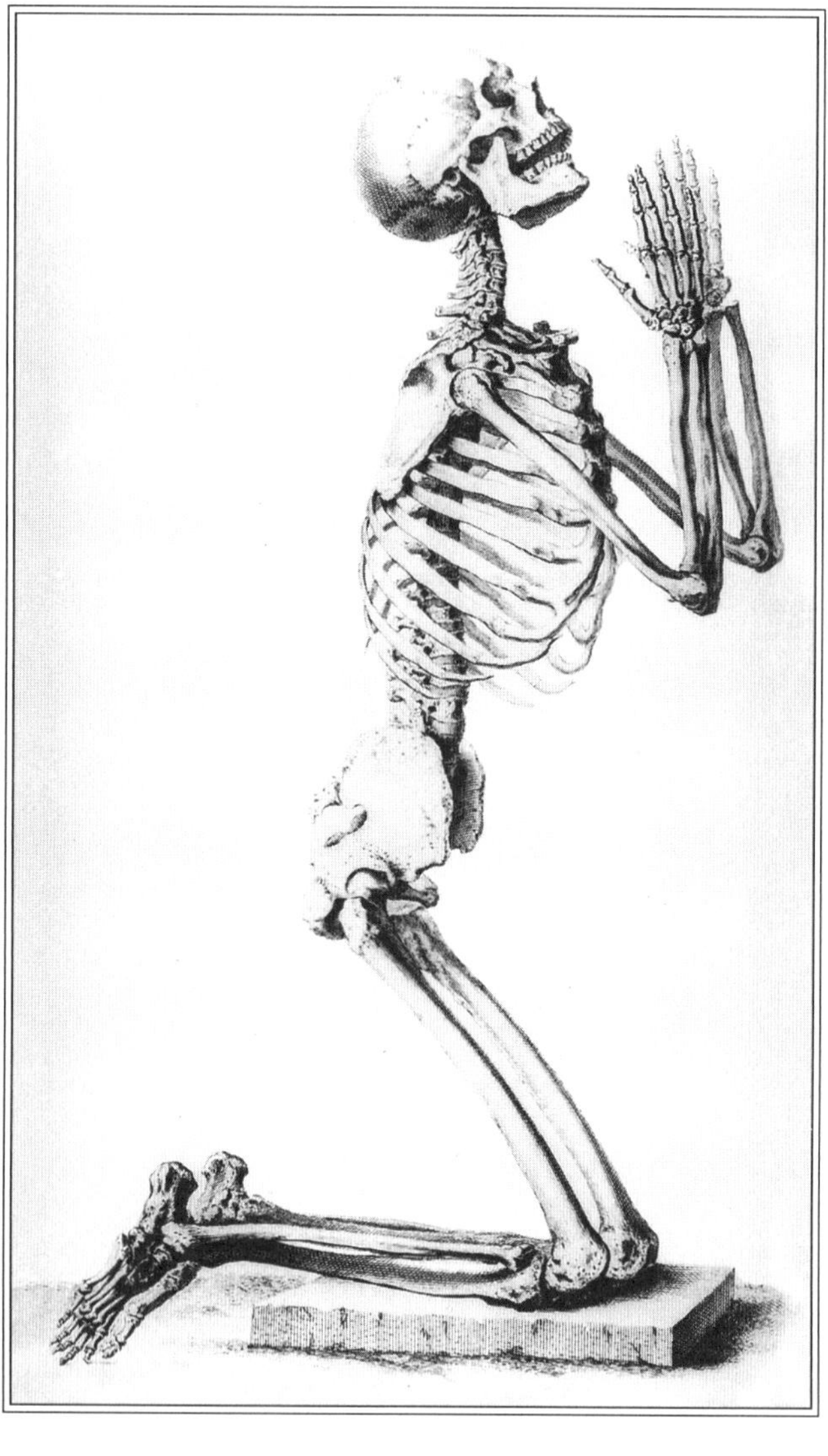

けながら、教会の入り口を探してフリート街を歩いていたとき、わたしはそうした歴史を何ひとつ知らなかった。さわやかな春の晴天だったにもかかわらず、わたしはひたすら地下に潜りたかった。なぜなら、聖ブライド教会は地下で骨に会えるロンドンで唯一の場所だったからだ。

聖ブライド教会の地下にあるものは専門用語で納骨堂と呼ばれる。遺骨で埋め尽くされた、骨の収納場所同然のものにしては、英語のオシュアリーは心地よい響きを持つ単語だ。納骨堂は箱の場合もあれば、地下の部屋に頭蓋骨が積み上げられていることもあり、建ものの構造に装飾のように人骨が組み込まれているものもある。そして、それぞれにみな独自の美しさがある。チェコの聖ヤコブ教会の地下にあるブルノ納骨堂では、山のように積まれた頭蓋骨の眼窩がまっすぐにこちらを見つめ返している。一方、ポーランドの聖バルトロメイ教会の地下にある「骸骨礼拝堂」はそれより立派に飾り立ててある。天井には十字に組まれた太ももの骨で下から支えられた頭蓋骨があり、壁一面も数え切れないほどの頭蓋でできていて、それらがすべて祭壇の十字架にかけられているキリストを見つめている。チェコにはまたセドレツ納骨堂があるが、そこではクリスマス飾りのモールのように天井から頭蓋骨が吊るされていて、数珠つなぎになった骨が、まるでデヴィッド・クローネンバーグ監督のホラー映画のロビーに足を踏み入れたような錯覚を与える。

これらの場所は、まだ生きている背中をぞくぞくさせるかもしれない。また、そもそもそうした骨をどうやって手に入れたのかという疑問を投げかけることはまちがいない。だが背景はそれらの骨が持つ独特な雰囲気よりもずっと平凡だ。つまり、スペースの問題なのである。同じ土地に何百年も人が暮らしていると墓地が不足する。骨はきわめて長いあいだ残る。そして、わたしたちはウサギほど多産でないにしても、腐敗によって死者が土に還るより速いスピードで繁殖している。そこで、死後の世界の新参者が入るスペースを作るために、中世から比較的現代まで、教会は一部の遺骨を掘り出して神聖な保管部屋に積み上げていた（最近では、一九三二年に建てられたフランスのドゥオモン納骨堂に、第一次世界大戦の悲劇的なヴェルダンの戦いで戦死した一三万を超える無名兵士の遺骨が収められている）。そして、どうせ遺骨を掘り出して、洗浄し、並べ直す手間をかけるなら、その配置にちょっとした創造力を加えたらどうだろう？　多くの納骨堂では、教会の地下に骨を押し込むという実用的な解決策にアート心が添えられた。死者にも美しさがある。

わたしは聖ブライド教会の地下に、どちらかといえば飾り立てられた保管室が見られるものと思っていた。地下聖堂で午後を過ごすという最初の調査でせっかくの体験を台無しにしないように、写真は極力撮らないつもりだった。だが案の定、ガイドつきツアーに参加しなければ入れなかった。カメラをぶら下げたわたしのような旅行客が死者の眠りを妨げることなどあってはならないのである。六ポンドの料金を支払ってツアーが始まってからは、「いつ骨を見られますか？」とうっかり言ってしまいそうなのをこらえて、一時間半のツアーのほとんどを辛抱強くうなずきながら「なるほど」と言って過ごした。教会もそれをよく知っているに違いない。地下墓地は順路の末尾に用意してあり、ツアー客は最後にようやく天井の低い暗い部屋へと案内された。そこでは人類学の研究者が隅にある小さなデスクにかがみ込むようにして古い骨をのぞき込んでいた。英国国教会の公式なツアーであるにもかかわらず、今にも後頭部をピシャリとたたかれて、この納骨堂に収められている者たちの仲間入りをさせられるのではないかと半ば期待させるような雰囲気の空間だった。思わず身震いするような、重々しい墓所である。開いた戸口を通して、床の上に積み上げられている骨が見えた。暇を持て余している修道士が並べた大腿骨の輪もなければ頭蓋骨のピラミッドもなかった。焦げた古いレンガの部屋のなかで、長い骨が平行な列を作るように積み上げられ、その列のてっぺんに頭蓋骨がいくつかのせられていた。そこはほこりが喉にからみつくような薄暗い場所だった。だれかに見せるための場所ではなく、もっと実用本位な倉庫という感じである。これは漫然と集められたものではない。空間のほとんどを占めてはいるが、ほかの納骨堂に見られるような芸術性はなかった。

聖ブライド教会の納骨堂が特別なのは、じつは、ほかのところよりも骨がよい状態で保存されていることである。最初に土葬されたとき、この教会の教区の人々は頑丈な鉛の棺桶に入れられて、名前、死亡日、死因とともに埋められた。そのため、聖ブライド教会では骨とかつてその骨の持ち主だった人の背景を結びつけることが可能で、そうでなければ失われていたはずの人口統計学的かつ歴史的情報を得ることができる。骨がアートになると、身がついていたときの状況も一緒にはぎ取られてわからなくなってしまう。確かに、遺骨でできたモザイクや輪は美しいが、骨を組み立て直してだれだったのかを検証することはほとんど不可能である。聖ブライド教会のどちらかといえば実用本位のアプローチは、人類学者や考古学者に対し、骨から引き出された見解と人口統計学的なデータとを突き合わせて、遺骨やそこからわかるものごとをよりよく理解する手段を提供することになった。つまり、正確さや整合性をチェックできるのである。たとえば解剖学者は、聖ブライド教会の骨を歴史上の情報と比較して、骨学的な性別が本当に骨盤から判断できることを重ねて確認した。[71]もっと最近の調査では、死亡時の年齢を推定するにあたって第四肋骨の端を利用する方法が信頼できるかどうかの検証が試みられた（結果として、信頼できないと判明したため、専門家はほかの手段を探す必要がある）。けれどもこの骨の山と歴史の情報は、何百年も前に亡くなった人々の生活や関心事を知るヒントにもなりうる。たとえば、聖ブライド教会の共同墓地と地下聖堂が使用されていたころの一八世紀と一九世紀には、現在そこに保管されている骨の数よりも多くの子どもの死亡記録が残されている。差が生じた理由は、鉛の棺桶に入れて埋葬する費用が高額だったため、子どもを何人も失った家族が教会の慣行に従えなかったからではないかと考古学者は推測している。[72]

しかしながら、骨は科学者やわたしのような旅行客が見とれるためだけにあるのではない。骨が何なのか、何を意味するのかはそれを尋ねる人ごとに異なる。わたしが頭蓋骨を見て、途切れることのない進化の物語に沿って変化している、若干修正された類人猿の顔立ちを思い描くのに対して、人類学者は特定の時代や文化の象徴を、病理学者は異常を、コレクターは珍しいものとして、信心深い人は聖者を、あるいは自分の祖先をそこに見る人もいるだろう。こうしたフィルターはたがいに相容れないものではなく、わたしたちはしばしばそれを切り替えながら、骨のなかに包み込まれている生物学的な詳細を超えて、骨に意味や特性を吹き込んでいる。

骨が体のなかでもっとも長く残る部位であることを考えると、複雑な死後の世界があって当然だろう。わたしたちがどれほど骨を大事に守っているかを見ればそれがわかる。もちろん骨は体内にあるのがあたりまえなので、人類の歴史を通してわたしたちは死者を土のなかに埋めてきた。すべての文化にその風習があるわけではない（東アフリカのマサイ族は死肉を食べる動物によって土に還るよう死者をさらしておく）が、それでも埋葬の歴史は長く、また現生人類だけのものでもない。ネアンデルタール人も死者の扱いに気配りと思いやりを込める優しさを持っていたことが明らかになっている。

ネアンデルタール人は長年、正しく理解されないという不遇を受けてきた。彼らは一九世紀の早い段階で、残忍な半類人猿として、ホモ・サピエンス・サピエンスと分類されたわたしたちの祖先に劣る者と特徴づけられてしまった。氷河期の狩猟に適したがっしりとした体格、太い眉《び》弓《きゅう》、狭い額はみな、かの人々が筋肉だらけの野蛮人であるかのような大衆イメージの要因になった。わたしたちと彼らを分け隔てる線がはっきりと引かれ、ネアンデルタール人が絶滅したという事実が、彼らに何らかの問題があったことを証明する紛れもない証拠だと考えられた。わたしたちには芸術や発明や文化があるけれども、ネアンデルタール人は毛皮に身を包んだ原始人の典型であって、肉のことしか考えないと思われていた。ごく最近になって、ネアンデルタール人がわたしたちと同じ種であるという認識も含めて彼らのイメージが改善されてからでさえ、わたしたちはなおも彼らを文化的に発達していない欠陥品であるかのように見下している。結局のところ、典型的なネアンデルタール人の骨の構造を持ち、今も生きている人はいない。彼らの文化も明らかに消滅してしまった。生物学的な彼らの一部がわたしたちの遺伝子内で生き続けているとしても（ＤＮＡの調査から、わたしたちの文化に属する人々とネアンデルタール人が遺伝物質を交換していたことはまちがいない。つまりわたしたちの多くはほんのわずかな遺伝子を通じてネアンデルタール人の名残を受け継いでいる）、彼らは現生人類に負けてしまったのだ。しかしながら、物語は少しずつ変わりつつある。長いあいだ、ネアンデルタール人は象徴を理解できず、芸術と呼ぶべきものはいっさい持たないと考えられてきたが、現在はそうではないとわかっている。[73]スペインの洞窟壁画を新たに分析したところ、現生人類ではなくネアンデルタール人が作ったものであることが明らかになった。そして、ネアンデルタール人が死者を埋葬した方法から考えて、彼らはわたしたちがこれまで都合よく考えてきたよりもずっと、生とその後に続くものについて深く理解していたことはまちがいない。

何十年ものあいだ、考古学者はネアンデルタール人が死者を意図的に埋葬していたという見解を拒んでいた。[74]洞窟で発見された骨は岩が崩れて埋まった可能性がある。けれども、新しい遺跡はもちろん古い遺跡の年代を細かく調べ直すうちに、数千年の時を隔てて、複数のネアンデルタール人が同じ場所で眠っている理由は偶然だけでは説明できないと考えられるようになった。埋葬は意図されたものだったのだ。石器やほかの動物の骨や羽が、毎回たんなる偶然で墓に入り込むとはとても信じがたい。頭の悪いネアンデルタール人という偏見が取り除かれるにつれて、彼らの本当の姿が浮かび上がってきた。

少なくとも一部のネアンデルタール人が配慮と思いやりを持って死者を埋葬したという事実は、彼らの心と文化について、漠然とではあるが重要な見解をもたらす。「人類の集団が墓を掘り、穴に遺体を安置して、弔いの品ものを添えるときに、言葉がいっさい交わされないと考えることは難しい」とフランセスコ・デリコらは指摘している。[75] イスラエルにあるおよそ六万年前の遺跡、アムッド洞窟で、生後一〇か月の赤ん坊が腰にアカシカのあごをのせて埋葬されているのが考古学者によって発見されている。シリアのデデリエ洞窟にある七万五〇〇〇年前から四万五〇〇〇年前の堆積物では、頭の近くに石灰石、胸郭のうえに火打ち石が置かれた二歳児が埋葬されていた。そして、フランスのラ・フェラシーでは、少なくとも八人のネアンデルタール人が考古学者によって発見されている。胎児から一〇歳まで、ほとんどが幼い子どもだが、近くに成人の女性と男性もあった。彼らのほとんどは骨のかけらや石器の一部など、弔いの品と関係があるように見える。ウズベキスタンからイラク、フランスからイスラエルまで、ネアンデルタール人の集団は数千年にわたって意図して死者を埋めたのだ。[76] 彼らが死者を大切にしたからこそ、現在わたしたちがその骨を調査することができるのである。

ネアンデルタール人が死についていて、また骨についてどう考えていたのかは知りようがない。わたしたち人間の解釈の多様性を考えれば、彼らに一連の考えをあてはめること自体がまちがいであり、ましてや現代の概念と照らし合わせるなどもってのほかだろう（実際、シャニダール4号として知られる遺骨でそれが起きた。その骨の周辺で薬用成分を含む植物の花粉が見つかったため、その植物は意図的にそこに置かれたもので、彼らは花を身につけた最初の人々だという結論が導き出された。しかし、その後の分析から、大量の花粉はその土地にいた受粉を媒介する昆虫などによって周辺に広がった可能性が高いことが示された）。それでもやはり、ネアンデルタール人の死者の扱い方は、人類が――厳密にはおそらくわたしたちの種とみなされない人々でさえも――ありのままの現実に象徴をつけ足して、少なくとも数万年前から死について考えてきたことの表れである。そしてわたしたち人間の進化し続ける好奇心を考えれば、「死」に顔をつけるようになるのはもはや時間の問題だった。

「死」の姿がひとつであったことは一度もない。わたしが知っている顔は、ヘヴィーメタルアルバムのジャケットや、ハロウィーンの仮装の店や、テリー・プラチェットの小説にある、黒いマントをまとって大鎌を手にした骸骨である。だがそれは、わたしが暮らしている時代と文化のひとつの表れにすぎない。何度も繰り返し、人々は「死」を力というよりむしろ、善悪両方の人格として作り直してきた。

古代ギリシアには死の神タナトスがいて、課された仕事を黙々とやっていた。だれかが生きている者を死者の地へ運ばなければならないため、翼を持つ神がその役目を負ったのだ。それとは対照的に、アステカ族のミクテカシワトルは、ふたつの世界の移動にはあまり関心を持たない代わりに死者の遺体を見守っていた。このような自然を超えた存在は生から死への移行に秩序を与えていた。彼らは悪ではなく、ただ普遍的な義務を果たしていたのである。ところが、一四世紀にユーラシアで猛威を振るったペストの流行の直後、死の具現化は不吉さを装うようになった。このときから「死」の姿は恐ろしいものになる。失われた命があまりにも多く、それが永久に文化のなかに刻みつけられることになったのだ。このころ、町から町へと移動してだれが生き、だれが死ぬかを決めて歩く老婆の疫病神ペスタのイメージがスカンディナヴィア全体に広がった。大鎌を手にした死に神の典型的なイメージが現れたのもまた、この一四世紀ヨーロッパの大疫病直後である。マントを着た骸骨はいつの日か自分にも死が訪れることを思い出させるものであり、大鎌はわたしたちをこの世から刈り取ってあの世へ送るためのものだ。ただし、人間の恐怖の化身であるこの姿はありふれているのに対して、「死」の振る舞いについての解釈は多岐にわたっている。ときに「死」は死ぬ定めにある人を本当に殺して連れ去る役目を果たす。あるいは、すでに死んだ人の前に現れる案内役かつ使者の場合もある。いずれにしてもそのイメージは人々の意識に張りついていて、今ではどこへ行っても「死」を見ればそれとわかる。骸骨は人が直面する無慈悲な最後と同義になり、魅力は増すばかりだ。

人は昔からあらゆる種類の骨と複雑に関わってきた。古くは初期の人類が長い骨をたたき割って、なかの骨髄を手に入れたところにまでさかのぼる。ホモ・エレクトスの時代の傷痕ほど古くないようだが、人が長いあいだ骨に釘づけになってきたことを示す文化的証拠がある。伝説が示すように、近代科学以前の文化では、化石の骨に何らかの意味を持たせて語り継いでいた。頭蓋骨や骸骨は確かにわたしたちを待ち受けるものに対する警句だが、それだけではない。骸骨は文化の象徴にもなっているのである。たとえば、考古学者が言うところの世界初の頭蓋骨崇拝を見ればそれがわかる。

トルコ南東部にあるギョベクリ・テペは知られているなかで世界最古の神殿だと考えられている。一万年前のこの神聖な場所の廃墟は円形で、まるで屋根がはぎ取られたかのように柱や壁が立ったまま残っている。何年にもわたる遺跡の発掘と二〇一七年に公表された骨の分析から、考古学者ユリア・グレスキーらは、その場所で出土した四〇八個にのぼる頭蓋骨の破片の多くに切り傷や穴があることを発見した。それらは埋葬後の手荒な扱いで偶然につけられたものではない。それらは人の手で故意につけられたもので、骨から肉をそぎ落とすときの切り傷であり、少なくともひとつの破片には、ひもでつるせるよう開けられた穴があった。[77]

頭蓋骨がだれのものなのかはわからない。神殿に人が埋葬された形跡はない。ただ破片があるだけだ。頭蓋骨が何の目的で集められたのか、敬意を表するためなのか侮辱するためなのかを述べることは不可能である。けれども、その場所で頭蓋骨とそのかけらが神聖かつ重要なものとして扱われていたことから、その痕跡を残した人々は頭蓋骨崇拝者と呼ばれている。頭蓋骨に取りつかれたのは彼らだけではない。時とともにさまざまな頭蓋骨崇拝者が独自の信仰と、生者や死者にとっての意味を作り上げてきた。たとえばシリアにあるテル・カラッサ北と呼ばれる発掘現場では、頭蓋骨の顔が切られてひどく損なわれており、考古学者はそれを死後の世界における儀式的な罰と解釈している。しかしながら、ギョベクリ・テペの担い手は明らかに頭蓋骨に関心を抱いていた。骨の断片にくわえて、頭のない小さな立像、贈りものとしての頭部の小さな彫刻、そして首をはねられた人間を表す工芸品など、骨に対して一風変わった執着を持っていたことを強調するような文化の手がかりも考古学者によって発見されている。

むろん、骨のとりこになるのは古代の人々だけではない。骨がつねに宗教の中心であるとはかぎらないが、それでも信心深い人にとっては重要なものである。聖遺物は今もある。仏教、ヒンドゥー教、イスラム教、キリスト教の文化はみな、死後も特別な力を維持するとみなされている遺物を集めて大切にしている。けれどもカトリック教徒ほど華々しくそれを行っている集団はいない。だれのものかわからない骨のかけらのような単純なものが、聖人が生きていたならおそらく一生避けたであろう美しい布や貴重な金属の凝った飾りのなかに祀られていることがある。遺物そのものに癒す効果はないが、信仰では、それは遺物を拝みにきた信者と神とを結びつけるものだということになっている。言うなれば、神へとりなしを求める教区民のための交信強化手段だ。

ただし、願いを叶えることだけが聖遺物の特性ではない。ピーター・マンソーが著書『ぼろ切れと骨 *Rag and Bone*』で述べているように、その魅力のひとつは、そうした遺物が「何」だけでなく「だれ」、つまり信者にとって特別に重要な人物として提示されているところにある。[78] ロサンゼルス周辺のレストランで食事をしていてセレブをちらりと見かけたという話の死体編のようなものだ。彼らは信者のあいだの有名人で、死後もつながりのある人物なのである。そしてなおも群衆を引きつけることができる。二〇一八年の初めごろ、カナダ・イエズス会とカトリック・クリスチャン・アウトリーチという宣教師組織によって、聖フランシスコ・ザビエルの切断された腕がカナダの各都市を巡回した。腕そのものはかなり有名である。フランシスコ・ザビエルは一六世紀の宣教師で、日本とボルネオ島を初めて訪れ、道すがら何千もの人々に洗礼を施したと言われている。その一方で、一度はカトリックに改宗したけれども、のちに以前の信仰に戻ったヒンドゥー教徒に罰を与え、処刑し、火刑に処した非道なゴアの異端審問を設立してもいる。だが、その恐ろしい遺産のほうは、巡回の発起人の目には映らないらしい。[79]「彼のすべてが愛おしいのです」とカトリック・クリスチャン・アウトリーチの共同創設者であるアンジェル・レニエは巡回中に述べている。フランシスコ・ザビエルが洗礼を施すときに使ったまさにその腕だと信じられているその聖遺物は、各都市で何千もの崇拝者を引き寄せ、やがてローマに戻っていった。そしてこれはその聖人のものと考えられている唯一の遺物ではない。一六一四年にインドのゴアで展示されていたときに、遺体の足の指が一本、訪問者によって噛み切られたという伝説がある。仮にその話が真実だったとしても、噛み切った女性がなぜそんなことをする気になったのかはわからないが、言い伝えでは、足の指はやがて取り戻され、骨は今もゴアの教会にあるらしい。一方、腕や内臓など体のほかの部分はのちに、彼の一部を手に入れたい信心深い組織のあいだで厳かな儀式が執り行われて分配された。

しかしながら聖遺物というものは慎重に扱わなければならない。油断できないという意味でもだ。にせものや詐欺があとを絶たず、大切にされている聖人の骨が必ずしも言い伝えどおりだとはかぎらないからである。一一六〇年に死去したキリスト教の隠者、聖ロザリアの骨はシチリア島のパレルモにある礼拝堂に祀られている。ただし、一九世紀の博物学者ウィリアム・バックランドによって、一八二五年にそれがヤギの骨であることが確認されて以来、骨は一般公開されていない。一方、意図的にだましている不正な聖遺物もある。人々が死去した聖人から聖遺物を作り始めて以来、尊ばれている人物の体の一部が活発に取引されてきた。「少なくとも六体の異なる聖ワレンティヌスを撮影したことがある」と聖遺物を撮ることの多い写真家ポール・クドゥナリスは言う。[80]不思議に思うかもしれないが、これは影響力が大きく名の知れたものを所有したいという明らかにこらえきれない衝動の宗教表現であることを頭に置いておくとよい。オークションサイトのイーベイで「ほんものの」エルヴィス・プレスリーの髪の毛に入札できたり、イギリスに本拠地を置く収集品ショップで、マリリン・モンローがジョン・F・ケネディに「ハッピーバースデー大統領」を歌う直前に切り取ったものらしいひと房の髪の毛を売っていたりするの[81]は、宗教的聖遺物取引の俗世版である。

それでも、骨がわたしたちを魅了するにあたって有名である必要はない。頭蓋骨は特に、昔から収集品として扱われてきた。一連の骨が結合してできあがっている頭蓋骨は、もっとも強烈な己の骨姿であり、死してなお性格を維持している。頭蓋骨と比べると、大腿骨や背骨はだれのものでもほとんど同じで個性がない。人は長い骨でカレンダーや横笛を作るほどには想像力を発揮してきたが、手を加えられた人骨の記録の大部分は頭蓋骨が中心だ。どくろの器は特に、かなり長いあいだ大流行を維持している。

「人間の頭蓋をコップや器として用いる例は、歴史学と民俗学の広い範囲に記録されている」と、人類学者シルヴィア・ベロらは記している。「けれども考古学の例は極端に少ない」。つまり、イギリスにあるゴフの洞窟で発見された骨は特別な例外だということになる。[82] 洞窟の領域内で、人類学者が人間の頭蓋骨の三七個のかけらを発掘した。そのうちの一四個ほどは元の形につなぎ直すことができたため、人類学者はその骨が少なくとも五人――三歳の子ども、ふたりの青年、ふたりの成人――のものだと考えている。骨そのものが彼らの死後の運命を語っている。それらの骨には肉が取り除かれたときの切り傷やたたかれた傷がたくさん残っていた。それは行きあたりばったりの作業ではなかった。傷痕が、そこで暮らしていた人々が頭を切り離され、皮をはがされたようすを再現している。飾り気のない科学の言葉を用いてもその描写には背筋が凍る。「首の筋肉付近に差し込まれた切り傷の痕、ならびに大後頭孔付近にも切った痕が存在することから、頭は頭蓋骨の根元で胴体から切り離されたと考えられる」[83]。その後、下あごを頭蓋骨とつないでいる筋肉が切られ、咬筋《こうきん》と側頭筋が取り除かれ、その過程で舌、唇、鼻、耳、頬、目がはずされた。これは逆上による殺人ではない。慎重で、意図的な作業だった。そしてすべての軟組織が取り除かれると、頭蓋の丸みを帯びた部分から顔の骨が壊されて取り除かれ、頭蓋骨の椀状の部分だけが残された。この行為におよんだ人々は利用できる組織を無駄にすることはなかった。同じ洞窟で発見されたウマやシカやオオヤマネコのあごと同じように、下あごは骨髄が見えるほどにまで徹底的に破壊されていた。カニバリズム、すなわち人肉嗜食がそのプロセスの一部に含まれていたのかもしれない。

ゴフの洞窟の不気味な器はおよそ一万四七〇〇年前に作られた。その種のものはほかの場所でも見つかっている。フランスにある同時代のふたつの遺跡に、同じような方法で変形された骨の断片がたくさんある。さらに、時を超えて、また別の人々も同じアイデアに行きあたっている。きっと頭蓋骨には、それを使って飲んでみたいという欲求をもたらす何かがあるのだろう。ドイツのハークスハイムにある新石器時代の遺跡、そしてスペインのエル・ミラドール洞窟の青銅器時代の出土品は、時を経てなお頭蓋骨の器に人気があったことの証しである。ヘロドトスが著した書物から、中国の『史記』、マグヌス・オラフソンの『クラクマル Krakumal』にいたる歴史書には、オーストラリアのアボリジニやフィジーの人々、インドの宗教集団などにおいて頭蓋骨の器が伝統的な儀式に用いられるようすとならんで、ライバルの頭蓋でがぶ飲みする人々が描かれている。流行が廃れることはないのである。

むろん、頭蓋骨の器の製作は多々ある伝統のひとつにすぎない。頭蓋骨の使い方やそれが持つ意味は人々が思いつくかぎりいくらでもあるようだ。ヨルダンのアイン・ガザルにある新石器時代の遺跡で発見されたふたつの頭蓋骨には当初、切りつけた痕が残っていると考えられていた。ところが、考古学者ミシェル・ボノゴフスキーの新しい解釈によって、その引っかいたような傷がそれまでとは異なる骨の改変であることがわかった。[84] 死後に頭蓋骨を加工しようと砂で磨いたり石膏を貼りつけたりしていたのである。頭蓋骨の装飾を試した人々はほかにもいる。レヴァントと呼ばれた地中海東部の沿岸地域にある複数の遺跡からは、色づけされるなどした新石器時代の成人の頭蓋骨が発見されている。エリコで出土した頭蓋骨は、目の部分にコヤスガイが置かれ、欠けた下あごの代わりに石膏で人工的なあごが作られていた。イスラエル北部のベイサムン遺跡からも出土しており、それは「下あごの代わりにウマの蹄鉄形に作られた分厚い石膏で覆われ、顔がほんものらしく見えるように作られていた[85]」。石膏はサビ色の顔料で色づけされていた。一方、KNH－ホモ1はそれがだれであれ特別な人物だったように見える。クファァル・ハホレシュで発見されたその頭蓋骨には、口、目、頬などが石膏で細かく作られた完全な仮面がつけられている。もしかすると製作者は、その人物の生前の姿を残そうとしたのかもしれない。なお、造形された頭蓋骨はそれぞれ異なる姿をしているが、考古学者ユヴァル・ゴレンらによれば、ひとつひとつが独特な方法で形作られているという。ひとつだけの伝統もなければ、頭蓋骨を改変する決まった手順もない。頭蓋骨に施された石膏は、同じ遺跡で見つかった頭蓋骨でさえ調合が異なっており、目などにはめ込むために用いられた素材も近くの堆積物によりけりだった。これらの作品がそれぞれどのような意味を持つのかはわからない。頭蓋骨はみな若者のもののように見える。また、社会集団ごとにこうした作業を専門とする人がいたのかどうかも定かではない。それでもこれは人類が頭蓋骨に執着した結果生まれたものであり、生と死が出会う場所の象徴でもある。[86]

その魅力は現在も衰えてはいない。どくろの器や儀式的な首切りをすでに置いてきた野蛮な過去の一部とみなすことはたやすい。けれども、死者に敬意を表するため、敵を辱めるため、死をあざけるため、ショックを与えるため、あるいはたんに金儲けのためでも、骨のパワーは依然として健在だ。たとえばニューヨークのメトロポリタン美術館には、謎めいた過去を持つ奇妙な楽器がある。それは環状に髪の毛が残っている人間の頭蓋骨で、アンテロープの角で飾られており、開いた頭蓋にガット弦が貼ってある。この作品はあたかもロックバンドのコメディ映画『スパイナル・タップ』のセットのように見え、[87]そのような楽器が死者を次の世界へと誘うために奏でられたり、倒した敵の失墜を歌ったりするために用いられたようすが容易に目に浮かぶ。しかしながら、実態は、肉をはぎ取られた頭蓋骨から想像されるものより、はるかに悪意に満ちたものだった。この楽器のようなものは、一九世紀にアフリカのどこかで見知らぬ商人から購入されたものである。そのようなものはそれまでだれも見たことがなかった。既知の文化でこのような楽器を作るところはない。骨で音楽を奏でる人々はいる。美術館には人間の頭蓋骨で作られたチベットの太鼓がある。けれども、ヘヴィーメタルロックのような頭蓋骨の竪琴を作った人間はいない。おそらく、珍しいものを探していたヨーロッパ人に売りつけようと、いかさまアーティストが作ったものだというのが真相だろう。そしてそれはこれが初めてではない。

大西洋の反対側、オックスフォードのピット・リヴァーズ博物館に展示された陳列棚のなかに、「死んだ敵の扱い」と題されたいくつもの干し首がある。それらは一世紀前にエクアドルとペルーのシュアール族が作ったもので、何も知らない見学者なら、その民族の残忍さの表れだと思ってしまうだろう。全部が人骨ではない――ナマケモノが一頭まざっている――と気づく人などほとんどいないはずだ。あるいは、人類学者フランシス・ラーソンが『首切りの歴史』〔矢野真千子訳。河出書房新社。二〇一五年〕で記しているように、それらの頭がどのようにしてピット・リヴァーズ博物館にやってきたのかということも。シュアール族の首狩りが盛んになったのは、個人的な憎しみが高じたからではなく、彼らが作る干し首の市場の需要が高まったためだった。ヨーロッパ人が骨董品や博物館の展示品として干し首を欲し、シュアール族は銃などの資源を欲した。干し首の背後にあった動機は、頭に宿るパワーを奪うという伝統的かつ比較的珍しい慣習ではなく、商業だったのである。「見学者はピット・リヴァーズの干し首を見にやってくるが[88]」とラーソンは記している。「実際にその目に映っているものは白人の銃の物語である」。

頭蓋骨の器作り、カニバリズム、首切りのイメージはみな粗野で野蛮に感じられるかもしれない。ヨーロッパやアメリカの人類学者もそう感じていた。けれども、骨が手荒に扱われる例を見つけるにあたって、時をさかのぼったり、虐待文化に目を向けたりする必要はない。そして頭蓋骨の入手に関して言うなら、首狩りをしたのも遠い昔の人々ではなかった。彼らは一八世紀末にもてはやされた頭蓋学に熱中していた、ヨーロッパの啓蒙されたはずの階級の人々だった。当時は骨が信奉されていた時代で、ひどく不適切ではあるが、人の頭蓋骨の細部に才能、あるいはその欠落が表れていると考えられていた。それはまさに執着と科学が交差する領域で、有名人の頭蓋骨はステータスシンボルであると当時に、その才能の源を理解するための有力な手がかりでもあった。そこで野心に燃える頭蓋学者は、偉人の能力に骨学的な秘密があるかどうかを調べようと、注目に値する頭蓋骨を盗んだ。医師で懐疑論者の祖であるトーマス・ブラウンの頭蓋骨はそうした不正入手の標的のひとつだった。

ブラウンは自分の死後に不安を抱いていた。それがわかるのは、頭蓋測定学の流行が始まる前の一六五八年に、本人がその不安を文字にしているからである。彼の心配はどちらかといえば、物として扱われるのではないかという点にあった。「墓から掘り起こされ、頭蓋骨が飲むための器になり、骨が娯楽や敵をからかうための笛になるのは、恐ろしく忌まわしい[89]」。彼がその後数世紀に自分の身に起きたことを知るすべがないのはおそらく正解だろう。死後一世紀ほど静かな眠りについていたあとの一八四〇年、隣の区画で作業をしていた墓堀人がうっかり彼の永眠の地を掘ってしまったとき、ブラウンの頭蓋骨は盗まれた。頭蓋測定学者は時間があるときに調べようと、頭蓋骨をはずして型を取った（ただし顔の骨は含まれなかった）。しかし、複製が終わっても、教会墓地の管理人ジョージ・ポターは頭蓋骨を返そうとしなかった。それほどまで有名な頭なら同じ重さの金よりも価値があることを知っていたので――どのみち頭蓋骨はたいてい軽いけれども――いくつか誘いをかけたのちに、ブラウンのそのもっとも特徴的な骨を医師のエドワード・ラボックに売りつけた。ラボックはそれをノリッジ・アンド・ノーフォーク病院博物館に託した。一八九三年に聖ピーター・マンクロフト教会の司祭が頭蓋骨の返却を嘆願したが、博物館は動じなかった。落としものは拾った人のものという都合のよい慣例を盾にして、ブラウンの頭を法的に請求できる人がいないことを理由に博物館の所有物だと主張した。ブラウンの頭がようやく体と再会したのは、彼の死から三世紀ほど経った一九二二年のことである。骨のせいで人がこれほどまで道徳の感情を失うとは不思議なものである。

わたしが見ずにはいられなかったルーシーの化石のような科学的シンボルであっても、注目に値するような影響力の大きい人物の遺骨であっても、有名人はなおもわたしたちを特定の骨に引き寄せる。あたかも名声と評判が骨の隅々にまでしみ込んで、過去を振り返るわたしたちの視線を誘い込んでいるかのようだ。それらの骨は、わたしたちが生で体験することのできない時代への架け橋として、彼らの時代と場所の象徴になり、その他大勢の骨の前でひときわ目立っている。骨もまたセレブになるのである。

# 第7章　毒を食らわば骨まで

わたしは高校でリチャード三世に出会う機会がなかった。シェイクスピアの作品では『ハムレット』が必修だったのだ。しかしながら、背中の曲がった王にまつわるそのエイヴォンの大詩人の戯曲が課題だったとしても、おそらくたいして記憶に残らなかったと思う。古典と名がつくものよりは『ジョーズ』の作家ピーター・ベンチリーを手に取る子どもだったからだ。けれども二〇一五年、そのイングランド王に関する一連の衝撃的な見出しがわたしの興味をそそった。数世紀のあいだ、永久に失われたと考えられていたリチャード三世が、駐車場の地下で六〇〇年の眠りから揺り起こされたのである。

そうした事実の確認は軽々しく行えるものではなく、古い骨の山から重要人物を特定することはおいそれとできる作業ではない。生物学的な性別を明らかに示すことのできる骨はほんのひと握りしかなく、身がある状態で見ればすぐに判別できるはずの民族などの詳細となると、骨はいっさい語らない——というより少なくとも信じられないほどわかりにくい。それでも、人類学者は残っているもののなかから秘密を明らかにしようと最善を尽くす。

XX

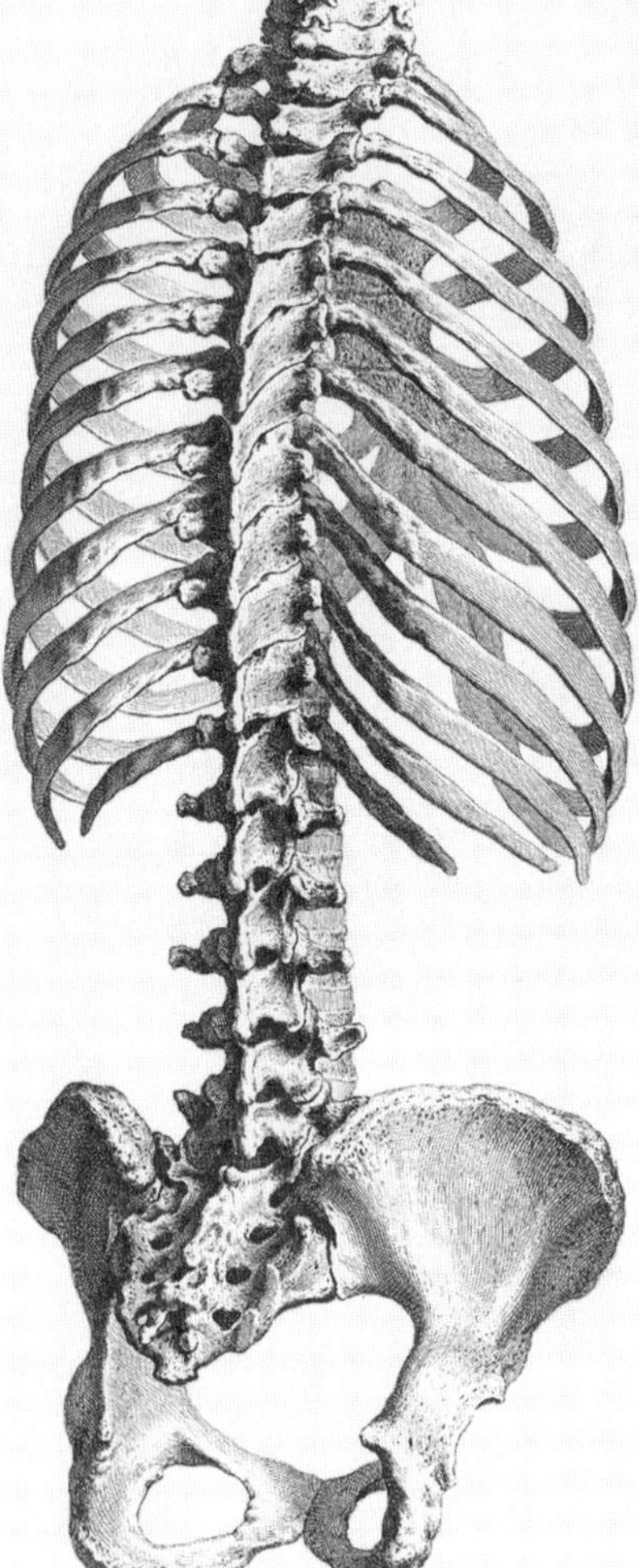

骨を発掘、収集、調査する方法は個々のケースによって異なる。だれが発掘しているのか、場所はどこか、発掘現場の状態はどうかということがみな違いを生む。たとえば、古生物学者がラ・ブレアに埋まっている人間を掘り起こすのは、聖ブライド教会の地下聖堂の発掘とは異なり、犯罪の可能性がある現場の法医学分析は、古い時代の埋葬地の調査とは違う方法で進められる。それでも、データの収集という観点から見れば、考古学者と人類学者はおおむね合意できる特定の方法に従って作業している。骨学的な性別の記録、死亡時の年齢の推定、歯の一覧の作成、そして、死後に起きた骨の変化の調査はみなその典型例だ。

標準や慣例といった基本的な部分を除けば、それらの科学の原動力は過去に関する疑問である。生物考古学者のクリスティーナ・キルグローヴは、フォーブズ誌への寄稿で、西暦七九年にヴェスヴィオ火山の噴火で焼き尽くされたオプロンティスという名の古代ローマの村を調査したときの状況に触れている。[90] それは調査のきっかけとなった疑問から用いられた手法まで、現代の専門家がどのように仕事をしているかを示すよい例である。

オプロンティスはどこかの僻地の謎めいた墓所ではなく歴史的名所であることから、当時の村のようすや暮らしていた人々についての情報はすでに豊富にあった。けれども、注目は何と言ってもオプロンティスのたくさんの骸骨だった。一九八〇年代に行われた前回の発掘で、ひとつの部屋の壁に寄りかかるように集まった五〇体を超える遺骨が発見されていた。一部は移動された。それ以外は何世紀にもわたって眠っていたのとまったく同じ場所にそのまま置かれていた。キルグローヴは大学院生のアンドレア・アコスタとともに、その哀れな人々を組み立て直そうと、移動された骨の入った箱を調べ始めた。「骨を測定し、病気や治癒した骨折の痕跡を探し、歯の健康状態を念入りに記録した」[91]とキルグローヴは書いている。その理由は、すでに述べたが、病変などの生きていたときの痕跡が、はるか昔の人々について、またその人々の行動についてのヒントになるかもしれないからである。現場に残されていた骨については、キルグローヴらはスキャンして写真を撮り、部屋に関する記録をきちんと残してから調査のために移動させた。人々が生きていたときと死んだときの状況を解明するために、骨を慎重に分類して分析する。それこそが生物考古学者の仕事である。

当然のことながら、骨は見つかりそうなところから見つかるとはかぎらない。考古学者は人間の遺骨が見つかると考えて、期待さえしながら、古い宿や墓地の遺跡にかがみ込んでいるのだが、骨には不意に現れる習性があるようだ。二〇一五年五月のある日、アイルランドのスライゴ州を暴風が吹き荒れた。強烈な突風が樹齢二〇〇年を超える太い木を根元から倒すと、あらわになった根に包まれるように上半身の骨が見つかった。調べてみると、その遺骨は二〇歳くらいの男性の骨で、一〇〇〇年以上も前に刃もので殺されたように見えた。[92]ナイフによる傷が手と肋骨の骨に残っており、さしあたって一般的なキリスト教会葬で埋葬されたようだった。

オプロンティスの遺体やアイルランドで木にからまっていた遺骨と同じ基本的な疑問、つまりそれがだれなのか、どのような人生を送っていたのかという問いが、イギリスの駐車場の下で発見された謎の骨を取り巻いた。その骨はやがてリチャード三世と判明したが、その結論にたどり着くまでには、比較解剖学はもちろんCTスキャンや同位体分析など、新しい技術を用いたさまざまな証拠が必要だった。遺骨からその人の生涯をつなぎ合わせるだけでも難題だが、一四八五年に姿を消したイギリスの君主を発見したと主張する場合、考古学に求められる条件はさらに厳しい。哀れなリチャードは王家の一員であるため、特別に注目される関心の高い事例だけに用いられるような、可能なかぎりの科学分析にさらされた。謎めいた遺体――ほぼ毎日新しいものが発見される――の身元を特定する手順が導入される例はいくらでもあるが、知名度、綿密な調査、そのはるか昔の死者に対する人々の思いがけない奇妙な反応という意味で、リチャード三世にまさる者はいない。それは哲学者エマーソンの格言「王を襲うのなら、殺す覚悟がなければならない」を逆さまにしたようなものである。それなりの覚悟で過去を掘り起こせば、殺された王が出てくるかもしれない。

リチャード三世には王にふさわしい埋葬が行われていなかった。貴族の地位がはっきり示されるような、城などの墓所には埋められていなかった。リチャードの最期に比べたら、近所の墓地に眠っている死者のほうがよほど立派な儀式や装飾で見送られている。長いあいだ行方のわからなかった王は墓石ほどの贅沢も与えられていなかった。発見当時の彼は、身元がわかるような服装も装身具も工芸品のかけらもなく、地面に開いた穴から歯をむき出して発見者を見上げている遺骨以外の何者でもなかった。その骨の身元の究明ともなれば、人類学者は背水の陣で臨まなければならない。哀れな中世の田舎者の骨しかないのに、王を見つけたと主張するわけにはいかない。身元と彼の生涯を証言できるのは骨だけである。もし現在ではない時代に発見されていたとしたら、今にも壊れそうな彼の遺骨はよくある身元不明の骨として棚の奥に葬り去られてしまっただろう。

さて、ほんもののリチャードを理解する前に、シェイクスピアが描いた悪者のイングランド王である彼の亡霊と知り合いになろう。

シェイクスピアの有名な悲劇がリチャード三世のイメージのほとんどを作っている。この貴族は「毒を持ったせむしのヒキガエル」であり「母親の胎内を辱める」人物だった。だれもがそうやって彼を非難するので、劇中のリチャードがすっかりその気になって「わたしが悪役であることを必ず証明してみせよう。昨今のくだらない戯れなどおぞましい」と述べたとしても何ら不思議はない。そしてその紛れもない憎悪にふさわしく、異なる俳優がさまざまな脇役やスタッフとともにこのイングランド史上もっとも忌み嫌われている支配者を描いてきた。ローレンス・オリヴィエが演じた映画のリチャード三世は不朽の名作である。彼が扮したのは威嚇するような悪漢で、足をひきずって歩き回りながら、観客も自分の計画の共謀者であるかのようにスクリーンから顔をしかめてみせた。最初から彼が悪者であることに疑いの余地はなく、冒頭から王座を奪う人殺しの計画に観客を引きずり込む。数ある彼の陰謀には、甥たちをロンドン塔で殺害する計略が含まれている。一方で、イギリスの駐車場の下で発見されたばかりの男と比較するにあたっては、オリヴィエが演じるリチャード三世と同じくらい古典的だが、ごく最近の性格描写のほうがよい基準になるだろう。こちらは、二〇一六年に二回のシーズンに分けて放映されたテレビの連続ドラマ『ホロウ・クラウン／嘆きの王冠』で、ベネディクト・カンバーバッチが演じたものである。ほんもののリチャード三世が科学を通して一般の人々に紹介されつつあったとき、カンバーバッチのドラマの撮影は、その支配者の悪評をさらに高めるという賭けに出た。

カンバーバッチが脅しを積み重ねる『ホロウ・クラウン』のリチャード三世は、背中に目立つ膨らみがあり、戯曲に描かれているように、片腕が未発達である。それがカンバーバッチのリチャードを狂気に追いやった。オリヴィエが演じた傲慢なキャラクターは、錯乱し、怒鳴り声を上げて虚勢を張る人物に置き換えられ、ドラマが進行するにつれて闇の奥深くへと迷い込んでいくばかりである。最後に、戯曲と歴史の両方が示しているように、リチャードはボスワースの戦いで天罰を受ける。槍で突き刺され、泥のなかへと倒れるのだ。

ところが、このドラマティックな描写などまったく意に介さない人々がいる。リチャードの死後数百年が経過した今、この殺害された王にはいくつかのファンクラブがあるのだ。彼らは歴史――とシェイクスピア――は王を誤解していると主張している。彼らによれば、戯曲は、彼らが言うところのただの支配者だった男の評判を傷つける誹謗中傷のひとつにすぎないらしい。彼らは自分たちをリカーディアンと呼んで、リチャード三世の支持者を名乗っている。

リカーディアンは正確には、明らかになるものが何であろうと真実を暴くことに焦点を合わせている歴史の公平な観察者ではない。彼らはお気に入りの王の罪を晴らして、シェイクスピアの中傷による汚名をそそぐための取り組みを続けているだけである。今から五〇〇年後に、どういうわけかマイケル・ジャクソンの墓が消滅していて、人々の記憶に残っているものが『スリラー』の映像だけだと想像してみればよい。そうなれば、最後まで抵抗する熱烈なジャクソンファンのグループが、何としても彼の遺骨を見つけ出し、それを最後にきっぱりと、彼はポップの帝王であって狼男などではないと証明することに熱中してもおかしくない。リチャード三世の大ファン、フィリッパ・ラングリーもそのような衝動に突き動かされて、このひどく中傷されている王の形跡が残っていそうな時代と場所を捜索し、汚名返上の証拠を探し出すために、レスター大学構内にある考古学法人、レスター大学考古学サービス（ＵＬＡＳ）と手を組むことにしたのだった。

行方のわからない王が見つかるとは正直だれも思っていなかった。リチャード三世が二年という短いあいだ王座についたのち、一四八五年八月二二日に、バラ戦争の最後を飾るボスワースの戦いで殺されたことは史実である。せっかくの宣伝の機会を逃したくなかったヘンリー・チューダー――その後まもなくイングランド王ヘンリー七世として戴冠する――は、リチャードの体を馬の背でさらしものにして、レスターまで行進した。三日後、裸にされた遺体は馬から降ろされて、グレイフライアーズと呼ばれる場所に埋められた。ところが、そこから話が不明確になってくる。ヘンリー七世が墓地に白い大理石のような石で霊廟を築いたものの、後継者であるヘンリー八世が、すでに何年も荒廃したままになっていたその建ものを一五三八年に打ち壊したという記述が残っている。それで、埋葬場所がわからなくなったらしい。ところが、のちの一六一一年の記録では、リチャード三世の骨はソアー川に投げ込まれたことになっている。ただしその記述を裏づける証拠はひとつも見つかっていない。つまりとりあえずわかっているのは、王が当初グレイフライアーズと呼ばれる場所に埋められたということだけだ。ならばまだそこにいる可能性が高い。そこでラングリーが動いた。リチャード三世がそこで安らかに眠っていることを願って、彼女はグレイフライアーズ教会の場所を突き止める考古学プロジェクトを推し進めたのである。

彼女にとって、リチャード三世の生前の姿は謎でも何でもない。すでに心のなかに彼のイメージができあがっている。チューダーのプロパガンダが描くような背中の曲がった悪魔などでは断じてありえない。ほんものの骨が見つかれば、真実が判明する。そこで、ラングリー率いるアマチュア集団との類い稀な共同研究で、ＵＬＡＳの研究者は、ほとんど想像上のものに近いグレイフライアーズ教会の場所を突き止めるために、伝承や古地図を詳しく調べることになった。結果として、考古学者はだいたいの地域を示すことはできたが、教会の正確な位置を特定するためには地面を掘らなければならなかった。

グレイフライアーズの所在地らしき場所は、市の福祉課の駐車場に絞り込まれた。名前が示すとおり、それはただのアスファルト敷きに車がお尻をこちらに向けてところ狭しと並んでいる、何の変哲もないところに見えた。そのプロジェクトにすでに参加していたＵＬＡＳの考古学者リチャード・バックリーはまず、地下に何かの影がないかと、地中レーダーを用いて一帯を調べた。

結果は決定的とは言えなかったが、ともかくプロジェクトは続行された。

教会の正確な位置がはっきりしなかったので、古い土壌から何か建ものの痕跡のようなものが見つからないかと、考古学者は探査用の長い溝を掘ることにした。そこまできてもまだ、ULASのチームはアスファルトの下からたいしたものが出てくるとは思っていなかった。「建ものの基礎に適した石が一帯にないことが理由で」[93]とのちに発掘レポートで指摘されている。「レスターの中世の壁はたいていの場合、上部構造と基礎の両方から広範囲に材料が盗まれており、床がよい状態で残っていることはほとんどない」。たとえ教会の残骸とその中身がその地域にまたひとつ小さな歴史を刻むことになるのだとしても、時の経過による損壊を考えると、研究者が掘り起こすものはすべて考古学的に支離滅裂な状態である可能性が高かった。

遺体、ましてや王族が見つかると思っていた人はひとりもいなかった。リチャード三世のファンが資金を提供していたとはいえ、発掘者は、リチャード三世の遺体の捜索を教会の修道院発掘目標リストの最後に位置づけていた。「今日の考古学者は、原則として、有名な人物の遺骨や歴史的なできごとの発掘は行わないようにしている」[94]と、バックリーらはのちにこのプロジェクトについて記している。それは、国王というものの生涯に関する情報が実際にはあまり役に立たないことが一因でもある。特権のある地位が、骨から読み取れる情報を歪めてしまうためだ。虫歯のある労働者の骨のほうがよほど、一五世紀の生活について基本的な詳しいものごとを伝えてくれるだろう。それでもやはり、国王がアスファルトの下から見つかるかもしれないという見通しは、それだけで役者やマスコミを引きつけた。アル・カポネの金庫を暴いて大恥をかいたジェラルド・リヴェラのように拍子抜けになる危険を冒してもなお、レポーターやカメラマンは何ひとつ見逃すまいと張り切った。たとえダメでも、うまく話をまとめ上げ、最後までハラハラさせて、「捜索は続く……」で終わることは簡単にできる。

ところが、奇跡的に、発掘は大成功だった。修道院のような建もの、教会、さらにはいくつかの墓の残骸まで、すべてが発見されたのである。それらは一三世紀から一六世紀の古いイングランドマニアにとって興味深い遺跡で、荒廃するまでの三世紀にわたってそこに存在していた町の中心部に関する新たな事実を明らかにするものだった。けれども、人々の話題に上ったのは、ほぼ完全な、奇妙な姿の骸骨だった。まさに最初の試掘用の溝で、かつて聖歌隊の建ものの一部だったところに、男性の骨があった（少なくとも骨盤の骨の形からそれだけは判明した）。しかしながら、考古学者がブラシで背骨から堆積物を取り除いていくと、それがありきたりの骨ではないことが見て取れた。一目で進んだ脊柱側彎症と判別できるくらい、背骨が曲がりくねっていたのである。リチャード三世は背中に病変があったことで知られている。これはリチャード三世なのだろうか？　六〇〇年の昼寝から覚めたかのように横たわっているうつぶせの骸骨が答えを要求していた。[95]

「遺体はほとんど敬意を払われずに墓に入れられたように見える」[96]と、地面に掘られた「雑なひし形」の土葬について、バックリーらはのちに書いている。棺桶や死者をくるむ布の形跡はなく、骨が横壁に寄りかかってうつむいているように見えたことから、遺体は墓のなかへ降ろされただけで、見た目がよくなるように中央に寝かされもしなかったと考えられた。要するに、適当な溝に投げ捨てるよりはましという程度である。だがそれが手がかりの可能性もあった。リチャード三世の埋葬には、国王にふさわしいと思われるような荘厳さも儀式も伴われなかったと言われている。だが、それだけではその骨をリチャード三世と認めるには不十分である。遺体が行方の分からない王であると考えられる場所と時代のもので、背中が曲がっていたという伝説の起源になったかもしれないほんものの病気があってもなお、それらの要因はみなたんなる偶然の一致である可能性が残っている。

骨を読み解く方法はいくつもある。当然、骨そのものがそうだ。年齢、身長、病変、骨学的性別などの詳細は、人類学者がよく知っている骨の解剖学的な目じるしを見れば容易に確認できる。だがそれだけではない。骨の年代と発見されたときの状況もヒントになる。近くに物や人工遺物があれば、その人の文化、つまりその人物と関係のあった人々を絞り込める場合がある。そしてもうひとつ、骨の内部にある秘密、すなわち遺伝子、化学物質、顕微鏡でしか見えない手がかりも、骨がだれなのか、どのような暮らしをしていたのかを解明するために役立つ。最終的に、行方の分からなかった王がとうとう見つかったという難しい判断を裏づけることになったのは、その最後の小さな一連の手がかりだった。全体の解剖学的構造ではなく、遺伝子のおかげで、わたしたちはリチャード三世と対面することができたのである。

骨は生体組織であるため、骨を構成している細胞には当然DNAが含まれている。しかし、リチャード三世ほど死後の時間が経過していると、そのプロセスは、骨の一部を削り取ればたちまちゲノム全体が現れるというほど簡単ではない。まず、DNAは人が死ぬと劣化し始める。実際、モアという絶滅した飛べない鳥の調査からわかるように、DNAは半減期に従って劣化し、何も残らなくなるまでばらばらに分解していく。死後にDNAが保存される最大期間は六〇〇万年強であり、『ジュラシック・パーク』の恐竜のDNAともなるととうてい無理だが、プランタジネット朝の最後の王から標本を引き出すには十分だと思われた[97]。

何かを掘り出すときには、汚染のリスクがある。息を吐くときに唾液が運ばれたり、はがれた皮膚細胞が骨に降りかかったり、それ以外にも何らかの原因が、調査される人物の本当のDNAを偽ってしまう場合がある。古い骨を発掘して保管するにあたって、考古学者は全身をくまなく覆い、最新の注意を払って標本を汚染しないようにする。はるか昔に死んだ人のDNAを分析したところ、穴に埋まっていたのは自分だったという解読データが出たら、驚きどころの騒ぎではないだろう。

リチャード三世の完全なゲノムを再構築することは時間の経過を考えると不可能だったため、遺伝学者トゥリ・キングらは特殊な遺伝子の手がかりに焦点を合わせた。それはミトコンドリアDNAである。これは特定の細胞器官のなかにあるA、T、G、Cなど呼ばれる一連の物質で、母系で受け継がれる。この方法にはほかにも利点があった。リチャード三世には父系にも生存している親戚がいるが、キングらは「実父ではないのに父だと偽っている可能性は実母を偽る例より多い」[98]と指摘する。少なくとも母系を分析すれば、もっとも混乱する要因は、歴史書に記されることのなかった秘密の不倫の可能性ではなく、姓の変更である。なお、リチャードには今も生きている子孫はないため、近親者で判断する必要があった。歴史的背景を少し調査すると、女系の親戚がふたり見つかり、彼らの遺伝子がリチャードから集めたものと比較された。一九世代離れたマイケル・イプセンと二一世代離れたウェンディ・ダルディグは、二世代異なるかなり遠い親戚同士にあたるが、どちらの遺伝子の構造にも、自信を持って骨がリチャード三世であると認めることのできる内容が含まれていた。骨は本当に行方のわからない王だったのである。

専門家はさらに、いくつか追加で調査することを思いついた。ＤＮＡからは血縁関係がわかるだけではない。回収された遺伝子からはまた、人々が生前にどのような姿をしていたかがわかる。リチャード三世の場合、芸術作品におけるこの王の描写が正しいかどうかを確かめることができる。

リチャード三世が生きていたときの肖像画は存在しない。最古の絵は、この支配者の死後二五年経ってから描かれたものである。けれども遺伝子分析の過程で、キングらは余分な手間をかけて、髪と目の色の遺伝子標識を探した。肖像画のリチャード三世はかなり地味な感じに見える。別に燃えるような赤い髪や氷のような青い目を期待するわけではなく、どのみちそのようなことはないだろうが、二重にチェックするに越したことはない。すると、目の色は肖像画と同じ青色だったが、髪はブロンドという結果が出た。ただし、遺伝子学者によれば、こうした遺伝子の判定結果はたいてい子どものころの髪の色を示しており、ブロンドの子どもの多くは成長すると茶色い髪の成人になる。リチャードがどんな顔をしていたのかは、墓のなかで肉がはがれ落ちたときに永遠にわからなくなったが、ボロボロになった彼の骨のＤＮＡは、中世の画家が少なくともいくつかの詳細について、彼の姿を正しくとらえていたことを裏づけた。

化学の痕跡はリチャードについてさらに多くのことを語っている。その重要な手がかりは、体に取り込まれて、成長を続ける歯や骨に閉じ込められた化学物質の同位体である。そうした目じるしはこれまで、海水摂取の痕跡をたどる酸素同位体によってクジラが陸上生活から完全な海の居住者になった経過を突き止めたり、サーベルタイガーと草食動物の炭素同位体の痕跡を比較してサーベルタイガーが好んだえものを調べたりするために用いられてきた。当然のことながら、わたしたち人間も動物なので、いくつか同じ手がかりを用いて、少なくともその人が何を食べていたかというような生活の状況を絞り込むことができる[99]。

先史時代の爬虫類のように死んで久しい多くの脊椎動物では、そうした情報を得られる同位体の貯蔵場所としてもっとも望ましい部分はたいてい歯である。歯が形作られるときには、飲み水やえさなど摂取されたものの同位体がそのなかに閉じ込められる。問題は人間が哺乳類であることだ。もしわたしたちが爬虫類で、生きているあいだずっと次々に新しい歯が形成されるのであれば、歯に残された同位体は比較的死亡時に近い手がかりをもたらすことになる。しかしほとんどどの哺乳類は乳歯と永久歯という二組の歯しか作らない。つまり、同位体が歯のなかに保存されるのは子どものときだけなのである。リチャード三世の歯は幼いころの食生活については語るが、ボスワースで死ぬ直前の食事を復元する助けにはならない。だが、骨にも同位体情報が蓄えられている。そこで研究者はリチャードの骨を用いて、この支配者が育った場所や成人してから食べていた一般的なメニューの事実関係を照合した。

研究者が注目したのは、リチャードが摂取していた物質のいくつかの成分と関係のある地球化学の同位体である。たとえば、川や泉など雨水が流れ込む水源には酸素同位体 $\delta^{18}O$ のさまざまな化学的痕跡があり、わたしたちの体の成長とともにその同位体が骨に取り込まれて保存される。炭素同位体 $\delta^{13}C$ も同じだが、こちらは水ではなく、特定の植物、その植物を食べる動物、草食動物を食べる肉食動物といった食料源と結びついている。これらの異なる分析結果を合わせると、成長過程や、新しい場所へ移動したときの食生活の変化を追うことができる。リチャード三世の大腿骨、肋骨、そして歯の標本から、研究者チームは王のおおまかなライフスタイルの再構築を試みた。

歴史の資料によれば、リチャードはノーサンプトンシャーで生まれたことになっている。食べものが作られた地質の影響を受けるストロンチウム同位体は、そのとおりイングランド東部を示した。くわえて、リチャードは骨ごとに化学的痕跡が異なっており、次第に権力を握るようになっていったようすがよくわかる。骨は絶えず成長し続けていて、時間とともに置き換わる。たとえば、大腿骨が完全に入れ替わるにはおよそ一〇年かかり、肋骨は二年から五年で、小さな骨芽細胞と破骨細胞が少しずつ、休むことなくせっせと作り変えている。つまり、研究者が標本を採取した骨は、リチャードの人生についてふたつの異なる断片を切り取ったことになる。大腿骨の値は成人してからの長い期間の平均を示しており、肋骨の値は王になってから食べていたものの痕跡を残しているのである。リチャードの肋骨は大腿骨と比べて酸素と窒素の同位体の値が高かったため、研究者はそれを新鮮な魚と水鳥が食生活に入り込んだしるしと解釈した。いずれも裕福な人々のあいだでもてはやされた食事である。現代人にはカワカマスやサギの料理はおいしいというより珍味のように感じられるかもしれないが、リチャードは晩年にぜいたくな食事を楽しんでいたのだ。一方で、当初は矛盾するように思われた発見もあった。水の摂取と関係のある酸素同位体の値から、リチャードが雨の多い地域に住んでいたことが示唆されているように思われたが、それでは歴史の記録と一致しない。だが、専門家は、おそらくワインがその原因だろうと気づいた。昔の王は水のようにワインをがぶ飲みした。おそらくビールの醸造、ワインの発酵、煮込み料理など、消耗品を作るさいに起きる酸素同位体の変化が、リチャードの居住地域と骨が示唆するものとの差を生んだのだろう。全体として、リチャードの骨は「晩年に上等な食事とワインの消費が大幅に増えた」ことを示していると結論づけられた。だれもがそのような幸運に恵まれていればよいのだが。

ぜいたくはしていたものの、たとえ王でも痛みに苦しむことはある。リチャードの場合、それは背中だった。

シェイクスピアの影響で、リチャード三世は必ず背中の曲がった男として描かれてきた。だが、「背中が曲がっている」だけでは医学的な意味はない。前かがみになっているように見える条件は複数あるが、この王の骨には、『ホロウ・クラウン／嘆きの王冠』のメーキャップチームがベネディクト・カンバーバッチに施したようなグロテスクな膨らみはなかった。実際、歴史家ジョン・ラウスによる一四九〇年の記述には、リチャード三世は背が低く、右の肩が左よりも上がっていたとある。グレイフライアーズで発見されることになった王の骨が示していた状態はまさにそうだった。それは見れば明らかだった。解剖学的に健康な脊椎のまっすぐな見た目とは異なり、リチャードの背骨は中央で右にカーブしていた。考古学者のジョー・アップルビーらは、念のために背骨のＣＴスキャンを行い、ポリマーで王の背中の複製を組み立てた。結果は、ラウスの記録や考古学者の最初の印象を裏づけた。[100] リチャードは脊柱側彎症だったのである。原因は？　背骨には先天性であることを示す解剖学的な特徴はなかった。また、脊柱側彎症と関連のある脳性麻痺などの痕跡も見られなかった。むしろ、研究者はその症状を「わずか」と表現し、リチャードが著しく成長した最後の年月、つまり一〇歳ごろに発症したのではないかと述べた。

　リチャードの背骨は極端に曲がって見えるが、外から見てもあまりわからなかっただろう。アップルビーらは「バランスのとれたカーブ」[101]だと述べている。つまり、彼の胴体は腕と比べると短く、肩の高さは左右で異なっていただろうが、隠せないほど目立つことはなかったと考えられる。

「腕のよい仕立屋や特別にあつらえたよろいで、見た目の影響は最小限にできたはずである」[102]。リチャードにはよろよろ歩いたり、足を引きずったりした形跡はなく、重い脊柱側彎症で呼吸が妨げられていたようすもない。オリヴィエの足を引きずってひょこひょこ跳ねる演技は大げさだったことになる。

しかしながら、リチャード三世の骨についてもっとも不可解だったのは、儀式を伴わない埋葬でも、ゆがんだ背中でもなく、戦場で受けた仕打ちだった。とりあえず、王が最期を迎える直前とその瞬間のカンバーバッチの表現は、手ぬるいほうだったと言っておこう。

リチャード三世は戦いで命を落とした。それはまちがいない。けれどもどのように息絶えたのだろう？　骨を調べるうちに、人類学者は予想外に多くの外傷を発見した。あちこちの骨に合計で九つの傷があり、どれもまだ癒えていなかった。それらは王の死の直前、瞬間、直後につけられたものである。

骨に残された戦いの傷痕を読み解く能力は比較的新しい科学知識である。刃ものが発明されて以来、人類はことあるごとにたがいを滅多斬りにし、考古学者もその学問の誕生以来、戦場に関心を寄せてきたが、さまざまな武器が残す傷痕の解明についてはほとんど何の研究も行われてこなかった。現生人類の金属製の武器より、ヒト族の先祖が用いた石器の性能についてのほうがよく知られているほどである。神話や歴史でかくも尊ばれている剣は、それが与える損傷という点ではほとんど理解されていない。それでも、数少ない調査に基づいて、人類学者のジェイソン・

ルイスが、刃のある武器が骨に与えるさまざまな損傷の分類に乗り出した。

六種類の刃もの武器——刀、アラブ風三日月刀のシミタール、刃が波打っているブロードソード、サンブル族の短剣、なた、そして狩猟用ナイフ——を用いて、ルイスは科学的にウシの骨を切りつけて傷を分析した。剣とナイフでは異なる外傷が残った。武器のサイズ、重さ、振り方によって、見てそれとわかる傷痕がついた。全般的に剣は幅広で深い傷をつけ、切った部分の両側にかなりの損傷を与えた。鋭利なように見えても、きれいに切れているというよりは鈍器の傷痕のような汚らしい痕跡が残る。ナイフの痕は浅く、たいていは突き刺そうと刃が前方へ押し出されるため、特徴的なV字型の断面になる。このような研究結果をもとに、リチャードを調査していた人類学者は彼の身に起きたことの検証を開始した[103]。

傷がつけられた順序を突き止めることは不可能である。傷はどれも重なっておらず、少なくともふたつは致命傷——すでにリチャードが絶命していなければ——だった。けれども、リチャードの体が手加減のない残酷な行為にさらされたことだけは明らかだった。彼のあごには武器痕と下あごの先の切痕のふたつの傷があった。どちらも命とりではない。また、リチャードの右の上あごに八ミリ弱の穴をあけた、骨を貫通するほどの傷も、命は奪わなかっただろう。だが、顔を角張った刃で突き刺されるのはうれしくなかったに違いない。さらに、頭蓋骨の後ろ側にある頭頂骨に「剃られたような傷」がふたつある。同じ武器でつけられたものかどうかはわからないが、頭皮を削ってその下の骨を露出させたのだから、血まみれになったはずである。今でも表面に刃の筋が見えている。[104]
次の記述を読むと思わず身をすくめずにはいられない。リチャードの頭蓋骨のてっぺんには、ちょうど頭蓋骨を左右に分ける矢状《しじょう》縫合上に鍵穴のような傷がある。人類学者によれば「この傷は頭蓋内の内板の損傷と関連している。これはふたつの骨が内側へ、つまり髄膜と脳があるほうへ押されたために生じたものである」[105]。攻撃がそれて斜めにあたったのではない。「頭上から武器で斜めに殴られたことが原因だと思われる」。どのような武器が用いられたにせよ、それは頭蓋骨のてっぺんを打ち壊し、骨と髄膜と、もしかすると脳そのものをも破壊した。しかしながら、頭蓋穿孔からわかるように、そのような傷を受けても人は死ぬとはかぎらない。少なくともその場では。
さらに、頭蓋骨の下側にはそれよりたちの悪いふたつの傷があった。小脳の右半球あたりで下に向かって背中側へと開いている大きな頭蓋骨の穴は、剣もしくは矛槍《ほこやり》で攻撃されたと考えられる。さらに、脊髄が頭蓋内へ入っていくあたりの大後頭孔にも傷があった。その損傷パターンから、「鋭利な武器の先端が骨と脳を貫通して、頭蓋骨の反対側の内面に達していた」[106]ことが示唆される。つまり一〇センチ強だ。これらは深刻な傷である。「生きているときに与えられたものなら、頭蓋の下部を損なういずれの傷も、くも膜下出血、脳の損傷、あるいは空気塞栓を引き起こした可能性がある」。だれも経験したくないような恐ろしいできごとの専門用語である。「これらの傷は、体がうつ伏せの状態、あるいはひざをついて頭を垂れている状態で受けた可能性が高い」。つまり、リチャードは頭を垂れて、後頭部と首をさらしていた。これらは敗北を認めた王に対する攻撃だったのである。

そして、それらは頭蓋骨の話でしかない。リチャードの肋骨には、背後から鋭利な短剣で切りつけられた傷があった。それまでにすでに息絶えて、よろいをはぎ取られ、まったく無防備な状態だったのかもしれない。さらに残酷なのは、考古学者が言うところの「侮辱するための傷」である。リチャードの腰骨の低い位置には深い切り傷があり、骨盤の一部を切り離してしまっている。傷の詳細から、それは後ろから前へ切り込まれたものであることがわかっている。「CT画像から再現された骨盤と傷の角度から、武器は背後から入り、仙骨と大坐骨切痕のあいだにもともとある空間を突き抜けたことが示唆される」[107]。人前で口にするのがはばかられるその終点について、論文の語り口は必然的に抑制されている。「生きていたなら、この傷は大腸を含む骨盤内の内臓に損傷を与えた可能性がある。この部位は血管が多く、生きているあいだに傷つけられたのであれば、致命的な大量出血を引き起こしただろう」。これは歴史と一致する。死後、リチャードの遺体は馬の背に引っ掛けられて「辱めを受けた」。

ボスワースの戦場で正確に何が起きたのかはだれにもわからない。その知識はそこにいた人々とともに死に絶えた。けれども人類学者は、リチャードの身に起きたと思われるできごとのあらましを描くことができた。伝説と同じように、王はおそらく馬を捨て、戦いに負けたのだ。死んだときにはまだよろいをまとっていただろう。研究者によれば、彼の腕や手に、生きているときによろいを脱がされたのであれば存在するはずの、防御創はなかった。次に起きたことはよくわからないが、頭蓋骨の後頭部の傷から、王は兜をなくしたか、彼をとらえた人物に奪われたかして、下を向いているときに殺されたと見える。。注目すべき点は、彼の顔は大部分がそのままだったということである。チューダー家が新しい時代の到来を世界に知らしめるにあたって、討たれたのがリチャードその人であることが明らかでなければならなかったからだ。また、リチャードによく似た人物が王位を主張する可能性を下げることにもなる。死後の侮辱はしきたりだった。

テレビドラマの最期はさっぱりしていた。カンバーバッチのリチャード三世はボスワースの戦いで、心臓を槍で突き抜かれてすぐに息絶えた。あっさりと打ち負かされた彼は戦場に残された。正義が勝ち、イングランドはリチャードの狂気から解放され、平和になったとヘンリー七世が告げた。けれども、リチャード三世のほんものの骨はまったく異なる物語を告げている。この王が善人だったのか、悪人だったのか、ほかの中世の貴族と同じようにだいたいにおいて臆病だったのかに関係なく、彼は敵の手によって延々と苦しみながら最期を迎えた。『ホロウ・クラウン／嘆きの王冠』があえてそのシーンを再現するようなことがあれば、視聴者はみな気分が悪くなることだろう。人間は残酷な種であり、その邪悪のしるしがリチャードの骨に刻みつけられている。彼も同じように残酷だったのかどうかは、骨は語らない。狂人だったのか情け深かったのか、殺人鬼なのか誤解なのか、骨は告げることができない。善と悪は骨までは入り込まない。実際、リチャードの罪を晴らす――もしくは、こちらのほうが可能性は高そうだが、非難する――最適な方法は、行方のわからない彼の甥たち、ロンドン塔で殺されたと言われているふたりの王子を探すことだろう。彼らの骨が発見されて、まさにリチャードのように早すぎる不当な死の兆候があるかどうかを入念に調査できれば、ひょっとするとリチャード三世を取り巻く忌まわしいうわさのほとんどで真相が明らかになるかもしれない。

最終的に、リチャード三世には二度目の葬儀が行われた。それは最初のものよりはるかに立派だった。二〇一五年三月二六日、街を一巡したのち、イギリス王室のメンバーとベネディクト・カンバーバッチその人が参列するなか、彼はレスター大聖堂に埋葬された。もしかするとリチャードが思い描いたものとは違うかもしれないが、それは王にふさわしい葬儀だった。しかしながら、このような例はまさにめったにないことである。発掘され、墓から掘り出された遺骨の多くは安息の地に還ることがない。彼らは世界各地で博物館の収蔵品となり、その多くは、生者を虐待したり迫害したりするために死者が利用されてきた慣行について、今も語り続けている。

# 第8章　骨は災いのもと

頭蓋骨はまっすぐ前を見つめていた。ひとつひとつが感情のない骨の山だ。それらはかつて人だった。今でも人だ。けれども博物館展示室の整頓された環境ではその面影はない。彼らは物になったのだ。肉をはがされ、人だったときの詳細もほとんど奪い取られて。

頭蓋骨はそれぞれが与えられたアイデンティティに単純化されてしまっている。つまらないラベルが前頭骨に貼ってある。「ニグロ、出生地アフリカ」、「中国人、男」「ペルー、インカ民族」。異なる時期のメモ書きがいくつか頭蓋に残っているものもある。彼らは人間なのに、人間性がもぎ取られている。代わりに、それぞれの骨は、アメリカ初期の人類学界に人種差別の基礎を作った解剖学的象徴となった。これらはサミュエル・モートンが所有していた頭蓋骨である。

フィラデルフィアのペン博物館に収蔵されているそのコレクションは膨大だ。モートン本人は、一八五一年に死去するまでに八六七個の頭蓋骨を集めた。その後、同僚のジェイムズ・エイトキン・メーグズがこつこつと貯め続け、頭蓋骨の合計は一二二五を超える数にまで膨れ上がった。ひところ、この不気味な収蔵品が一般に公開されていた時期があった。くねくねと蛇行するスクー

III

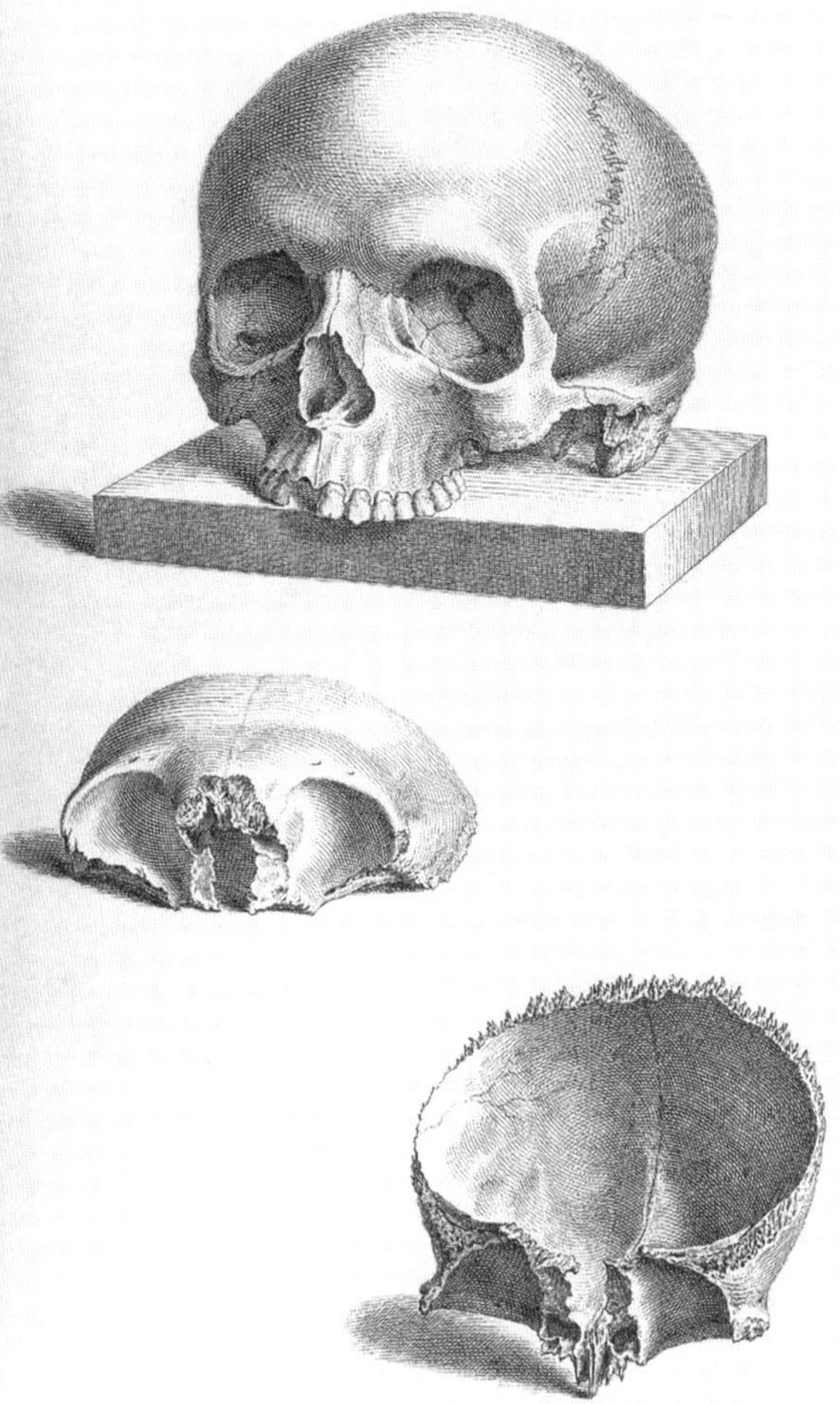

ルキル川の対岸にある自然科学アカデミーが所蔵していたときには、火曜日と土曜日に無料で頭蓋骨を見ることができた。現在展示されているのは、舞台裏にあった何百もの頭蓋骨の一部で、記号のついた明るく美しい展示ケースのなかに並べられている。

それらの頭蓋骨の前に立つと不思議な気持ちになる。展示は町の反対側にあるムター博物館や、ロンドンのハンテリアン博物館の権威ある収蔵品とあまり変わらない。展示が持つ無味乾燥な性質と、頭蓋骨は骨のなかでもっとも人間らしい部分であるという事実がコントラストになって、親しげでありながら冷たい。骨の顔には死後長い時間が経ってもなおその人らしさがあり、顔の後ろにある大きな半球部分にはかつてそれぞれの人格を作り上げていた脳が入っていた。それらの頭蓋骨を、自分が生まれるよりずっと前に生き、そして死んでいった人だと考えるだけで、その展示室の雰囲気が変わる。モートンは可能なかぎりたくさんの頭蓋骨を手に入れた。それらの遺骨から人について、わたしたち人間について知るためだった。それにもかかわらず、頭蓋はまるで化石か古代の壺のように展示されている。頭蓋骨の横にあるモートンの道具――陳列ケースのひとつでは測定のために頭蓋が固定されている――を見ると、さらなる科学的無感情が層になって積み重なる。それぞれ個性のある人間だった頭蓋骨がデータに単純化されている。そしてそのデータは、モートンの一九世紀の頭のなかでは、人種を示すものだった。彼らはその一生や活動ではなく、脳の入れものにどれくらい多くの鉛玉が入るかだけで評価されたのである。

本書の物語はここから暗転する。わたしたちは骨の起源を旅してきた。土台となる解剖学的構造から始まり、骨の誕生や外界に対する反応のしかた、病変からわかるものごと、そして人々の生涯までを見てきた。しかし本章では、骨の死後の世界へと深く潜っていく。そこでは生者が命に対する自分の考えを死者に投射する。その様相はしばしば不快である。それは遺体そのものの扱いが原因ではなく、骨が誤った目的に利用されることがあるからだ。今なお、初期のアメリカ人類学をあおっていた人種に対する執着の影響は残っている。モートンの頭蓋骨コレクションは、いかにわたしたちが自分の考えや理想を裸の骨に投射していることが多いかを知るケーススタディになる。

とはいえ、モートンが最初ではない。医者だった彼が頭蓋骨コレクションでやろうとしていたことと、客観的科学と名づけられた手法がもたらした悪影響を理解するためには、初期のアマチュア学問から人類学とそれに関連する科学が形を作り始めた、一九世紀になろうかというところに戻る必要がある。観相学、骨相学、頭蓋測定学はみな当時の客観的科学をめざして恐ろしい結果を引き起こしてしまった。

科学の始まりはひとつではない。何もないところに突然完全な形で現れることはない。科学はいつも、それ以前の考え方や時代に反するものとして生まれる。そして自然を客観的に理解しようとする試みはいつも、人間の文化という枠にはめ込まれる。つまり、科学の物語には必ず複数の出発点があり、多くの科学はすでにエセ科学として捨てられたアイデアから始まっている。そこでヨハン・カスパー・ラヴァターに目を向けることにしよう。

一八世紀末のスイス人博識家ラヴァターは、詩や哲学から神学まで、あらゆる分野で名をなしたが、科学の世界ではおもに観相学の研究で知られている。[108] 観相学は見た目で性格を判断しようとするもので、解剖学において、本のカバーで内容を判断しようとするようなものである。体型を適切に読むことができれば性格がわかると、彼は主張した。自然はうそをつかないのだから実質的な真実として容易に観察できるという仮説がその根拠だった。肉体に神の痕跡を見つけるというラヴァターの関心がそうした発想につながったのである。すべての生きものを念入りに作った全能の神ならば、内なる性格を示すしるしを外側に作ったはずだ。「ノミの皮でさえ偶然作られたものではない」と彼は主張した。そうやって、この経験と知識を備えた観相学者はひと目で人の性格を見抜く力を得た。口、あご、頬、そして髪の詳細さえもが行動の指標となった。その考え方はあっという間に広まった。豪華な挿絵のついたラヴァターの本は飛ぶように売れ、ドイツ語、フランス語、英語など複数の版が刊行された。[109] 読者が手軽に性格を判断できるように、一般人向けのハンドブックさえ作られた。驚くまでもないが、その手引きは西欧の男性にとって魅力的なもの、あるいは彼らにとっての美徳に合わせてあった。たとえば、ラヴァターによれば、額の広い人は自分を理解してくれる可能性が高く、額の狭い人とはけんかになりやすいらしい。

ラヴァターが作り上げようとしていたのは類型だった。つまり、見てすぐわかり、つねに正しいような標準化された人体のカテゴリーである。未完成だったラヴァターの観相学は骨相学に引き継がれた。一七九〇年代のドイツ人生理学者フランツ・ヨーゼフ・ガルが築いた骨相学は、人間の精神と行動の謎を解き明かす科学だと言われた。ガルを含む自称専門家は、脳は心の泉であり、心はたがいに補完し合うけれども異なるいくつもの作用によって作られていると確信していた。そのそれぞれの作用は、脳にある特定の臓器と結びついており、その臓器の大きさが影響力の大きさを決定している（中枢と呼ばれるそうした臓器は前頭葉や海馬などの脳の部位ではなく機能と結びついていて、破壊から美徳の中枢まで動物の衝動すべてを司っていると考えられていた）。したがって、脳の形はそうしたさまざまな臓器の配置や形によって定まる。そして、脳は人の頭蓋骨にぴたりと収まっている。つまり、頭蓋骨の形にはさまざまな脳の臓器の大きさや形が記録されているため、頭蓋骨を見ればその人の心をすばやく簡単に分析することができる、というわけだ。骨相学者はヨブ記の「大地に問いかけてみよ、教えてくれるだろう」［聖書新共同訳、日本聖書協会より訳文引用］という神の言葉を持ち出して、自然が表しているものからわたしたちの内面についての重要な情報すべてがわかると主張して譲らなかった。精神はもはや、哲学者はおろか神学者のものでさえない。ガルとその後継者は観察と測定に基づく新しい類型系を作ろうとしていた。「骨相学者の見解は正しいと言われていた」[110]と歴史学者ジョン・ヴァン・ワイは記している。「なぜなら、それらが誤りを犯さない、不変の自然界から引き出される科学的事実だったからだ」。

書物、討論、講義を通して、ガルは西欧の上流階級社会でその名を知らしめた。ほかの科学者が彼はまちがっていると言おうが、深遠なる神意であるはずのところに科学を持ち込むという発想に神学者が仰天しようが、関係なかった。ガルの死後は、ヨハン・シュプルツハイムなどの同僚がガルの遺志を継ぎ、骨相学をさらに売り込んだ。ガルはつねに、骨相学は特殊な知識なので一般人には行えず、また行わせてはいけないと主張していたが、一九世紀の大流行によってそれは余興へと姿を変えた。骨相学者は一九世紀の降霊術や催眠術などの文化の一時的な流行、今で言うなら、電話占いや手相のようなものと同じステータスを享受し、人々の頭の形を読んでいた。

骨相学は一見しただけで人の心を読むことができると言われており、主唱者はそれがあらゆる社会悪の根絶につながると主張した。たとえば、進歩主義に傾いた骨相学者は死刑の廃止を声高に訴えた。殺人やその他の凶悪犯罪の原因は罪でも不可解な力でもない。[111] 殺人犯などの犯罪者は明らかに誤った方向に発達した脳を持っていて、その灰白質の臓器が犯罪につながる恐ろしい行動を起こしているのだ。彼らの運命は生物学的に決定されているのだから、どうして罰することができようか？　一方、実用的なものごとについては、自分の精神を知ること、また周囲の人々のそれを知ることで、豊かなよい人生を送れると骨相学者は力説した。H・ランディのパンフレットは次のように助言している。

ご結婚をお考えですか？　骨相学なら一生を添い遂げるお相手の性格や気質がわかります。息子さんや娘さんがおられるなら、商いや就職、進学などぴったりの道を進ませたいと思いませんか？　骨相学ならさまざまな能力がわかるので、巷で日々起きているように、後々

にがっかりするようなことはありません[112]（後略）

けれども、ヴァン・ワイが述べているように、そうした主張のほとんどは真実とは思えない。進歩主義の骨相学愛好者が頭の隆起を利用して社会改革を訴えるのは自由だが、骨相学そのものにどのような価値を見出すかは人によるため、いかなる目的にも利用できる。ガルやシュプルツハイムはおもに、その特殊な知識を用いて自分たちのキャリアを維持することに関心があったわけで、その学問の大部分を社会運動ととらえる考え方にしても、所詮は人気を維持することに関心のある人々の書物、冊子、書簡に基づいていることになる。つまるところ、骨相学とは権力だったのだ。このわかりやすい「科学」は、その信奉者に、他者を観察して他者の運命を決定する便利な手段を与えた。生まれ持った臓器の配置に応じて、人生の道が開かれたり閉じられたりするというその発想は、進歩主義者はもちろん社会的保守派にも魅力的に見えた。たとえば、カルヴァン主義者が骨相学を取り入れたのは、それが、神によってすべての運命が定められているという説を生物学的に表現したものだったからだ。神が脳内に欲望の臓器を作り、人によってそれが大きいのなら、そうした哀れな魂は誕生時から運命が決まっていて、その道を本当に変えることは不可能である。徳の高い人は最初からそのように生まれついている。

それだけではない。一九世紀のイングランドで人気を博した骨相学は、まもなく世界中のイギリス植民地に広がった。それらの場所では、骨相学は社会改革の学問ではなかった。実証済みの手法として社会を抑圧するために用いられたのである。歴史学者ラッセル・マクレガーによれば、オーストラリアでは「アボリジニの知能はかぎられており、進歩する見込みはわずかだという考えを助長するうえで、骨相学が重要な役割を果たした」[113]。英国で骨相学の第一人者だったジョージ・コームは、集められたアボリジニの頭蓋骨を見て、それらの人々が「道徳と知性の臓器に大きな欠陥があることで突出している」と結論づけた。これは最悪の生物学的決定論で、文化をまるごと否定し、さらなる抑圧を生んだ。ひとえに、彼らがヨーロッパ社会に同化することはないと科学が述べたせいである。

骨相学は植民地の南アフリカでもほぼ同じ結果をもたらすために利用された[114]。社会保守主義者が、差別、暴力、抑圧を続けるための科学的根拠としてそれを採用したのである。ケープ・フロンティア戦争ともアフリカ一〇〇年戦争とも呼ばれているが、一七七九年から一八七九年のあいだ、ヨーロッパの入植者は南アフリカの先住民であるコーサ族と繰り返し衝突した。ヨーロッパの兵士は敵の犠牲者の頭を持ち帰る習慣を作り――西洋人からそれを学んだコーサ族にやがて根づいた――その不気味なトロフィーが、コーサ族は劣っているのだからそれなりの社会的地位を与えておけばよいと考える論拠として用いられた[115]。

これらの人々が受けた抑圧は骨相学に始まったのではないが、ガルやシュプルツハイムの通俗的な分類系は、権力を保持したい者に、事実に基づいているように見える新たな免罪符を与えてしまった。政治家も大衆も、宗教や歴史や哲学に基づいて議論する必要はなかった。盗んだ頭蓋骨の隆起を指差して、市民権のない者が社会の底辺から抜け出せないようにすればよかった。骨相学は精神の秘密を解き明かすどころか、統制を維持する目的で使われたのである。このような状況のなかで、サミュエル・モートンは膨大な頭蓋骨収集に乗り出した。そして客観的なはずだった彼の人類の分類もまた同じ恐ろしい目的で利用されることになる。

モートン自身はみずから骨相学者を名乗ったことはないが、人類学における彼の関心もやはり人間の頭蓋骨とその測定に焦点があてられていた。モートンの目的は、一定かつ識別可能な測定方法に従って人間のグループを分類する標準的な方法を編み出すことだった。何しろ当時は多くの科学が同じ症状を抱えて喘いでいた。それは物理学に対する羨望である。

一九世紀の科学者や博物学者は物理学を畏れていた。宇宙とその動きが見たところ不変に思われる法則に集約できるとはまさに驚きだった。一九世紀の科学ブームにおいて物理学は早いうちから進歩していた。そのため、物理学は論理と証拠に基づく科学であり、科学界で真剣に議論するためには、ほかの分野の研究水準もそれに届かなければならないという認識を、それ以外の科学者にも持たせることになった。それ自体は悪いことではない。測定とデータは科学的仮説の検証と再現を可能にする。確認と調査を繰り返せることこそが、まさに科学の本質であり、そうでなければ結果と勝手な主張の区別がつかない。ゆえに、考古学者や人類学者も、そのころまであたりまえだったように、埋葬塚をひっくり返して目につくものすべてをくまなく拾うより、詳細な記述と測定を行うほうがはるかによいはずだった。人類学も測定と系統立った方法で実践されなければならないと、物理学などの科学がプレッシャーをかけた。サミュエル・モートンはまさしく、ペンシルヴェニア医学大学の医者である自身の地位を利用して、可能なかぎりたくさんの頭蓋骨を集めようとしたのである。

モートンがそのぞっとするような収集を思いついたのは一八三〇年だった。[116] ドイツ人解剖学者ヨハン・ブルーメンバッハによる人種の序列を引用して、モートンは「五つの人種別頭蓋骨の形状」と題する講義内容をまとめ始めた。そのヨーロッパの同僚が概説した人種は、白人、アメリカ原住民、マレー人、モンゴル人、そしてエチオピア人だった。言うまでもないが、それは独断的な分類で、実際の住人の特性に関する記述というより、それらを引き合いに出している欧米の科学者のものの見方について語られている。モートンはこの分類が正しいと信じて疑わなかったが、それを証明する十分な数の頭蓋骨が手元になかった。そこで彼は、自分専用の頭蓋骨資料館を築くべく、大学における名の知れた地位を利用して同僚や知人に書簡を送った。効果は絶大だった。三年も経たないうちに、モートンは一〇〇個近くの頭蓋骨を手に入れ、その後も骨は少しずつ届けられた。コレクションはたいそう有名になり、たとえ墓を盗掘するという恐ろしい行為におよんででも、このフィラデルフィアの医者のために頭蓋骨を手に入れて寄贈することはほとんど名誉でさえあった。

この有名なコレクションがモートンの名を残した数々の書籍の基礎を形作っている。『アメリカ原住民の頭蓋――南北アメリカ原住民部族の多様な頭蓋骨の比較検討――冒頭にヒトの種の多様性に関する小論文つき *Crania Americana; or, A Comparative View of the Skulls of Various Aboriginal Nations of North and South America: To Which Is Prefixed an Essay on the Varieties of the Human Species*』（一八三九年）、『エジプト人の頭蓋――解剖学、歴史、遺物に基づくエジプト人民族誌学に対する所見 *Crania Aegyptiaca, or, Observations on Egyptian Ethnography, Derived from Anatomy, History, and the Monuments*』（一八四四年）、そして集大成『人間と下等動物の頭蓋骨目録 *Catalogue of Skulls of Man and the Inferior Animals*』（一八四九年）。三冊ともみな、いかにも一九世紀の科学専門書らしく長くて退屈だが、これらの古い書籍は、科学者はもちろん政治家のあいだでも引っ張りだこだった。モートンは知ってか知らずか、他者に対する残忍な行為を正当化する科学的根拠を、権力者に与えたのである。

モートンのおもな人類学的関心は、あると考えられていた人種の区分にしたがって頭蓋骨の容量を測定し、それらを比較することだった。正確な理由はだれにもわからない。当時モートンは客観主義者として名を知られていたが、それは集めたデータを分析も解釈もしなかったせいでもある。五つに分けられた人種の違いは自明の理だと思われたため、モートンは測定方法を標準化して再現可能にし、結果を生物学的な事実として提示することだけに焦点をあてた（骨相学者も同様だった。分析や理論は気にかけず、自分たちが考える精神系は当然あると考えていた）。そしてモートンの手法はやがて、研究の裏にある偏見を助長することになる。

頭蓋骨を測定するために、モートンは当初、空洞になった頭蓋をシロガラシの種子で満たし、それを目盛りつきのビーカーに空けて、頭蓋骨の容積の値を読んだ。できるかぎりたくさんの空間を埋めるために細かい粒子を用いたという点では、すぐれた測定法である。けれども、モートンはすぐに、この方法には避けられない欠点があることに気づいた。カラシの種子で同じ頭蓋骨を複数回計測すると、一貫して同じ結果が得られないのである。同じ大きさの種子を用いようとふるいにかけたが、それでも大きさにばらつきがあり、同じ頭蓋骨の測定が数十立法センチメートルもずれてしまうほどだった。種子ではモートンが望む正確さは得られない。そこで彼は直径が約四・五ミリの鉛玉に切り替えた。粒が大きくなったにもかかわらず、それらのほうがうまくいき、彼の測定結果は以前より一定になった。

モートンが計測した頭蓋容量の結果は、当時の解剖学者がまさに予想したとおりになった。ここで、思い出してほしいのだが、この人種による分類にはまったく生物学的な意味はなく、モートンがあてはめた頭蓋骨のグループはもっぱら主観的なもので、どちらかと言えば、その頭蓋骨を入手した場所の情報に左右されていた（その多くは墓荒らしなどによるもので正確ではなかった可能性がある）。大きな欠陥のあるその方法にあてはめて、モートンは彼が言うところの「白人」がもっとも容積が大きく、「モンゴル人」「マレー人」「アメリカ先住民」が中くらい、「エチオピア人」が一番下だと報告した（エジプトの頭蓋骨に関するモートンの二冊目の著書でも同じような傾向が示されており、彼の分類による「白人」が最高で「エチオピア人」が最低だった）。これが客観的事実として提示された。彼は測定し、結果を出したのだ。けれどもその研究の言外の意味は明らかだった。たとえモートンがあからさまに理論を立てようとしなくても、喜んで代わりにやってくれる人間はたくさんいた。

科学とは、真実を発見して棚に置いておくだけの学問ではない。理解すべき自然界はそこにあるが、事実を理解するためには理論が必要だ。別の言葉で言うなら、事実はつねに、自然界の働きについてわたしたちが知っている、あるいはそうであってほしいと思っていることに照らして分析される。わたしがよく知っている分野から拝借するなら、チャールズ・ダーウィンはかつて、同僚の博物学者が、理論に多大な時間を費やしている彼をたしなめると嘆いた。きみの奇妙な進化の基準を認めさせたいのであれば、ありのままの事実だけで語りかけなければだめだ。けれどもダーウィンはそれがばかげたことだと知っていた。「三〇年ほど前、地質学者は観察のみ行うべきで理論化は必要ないとする声が多かった[117]」と彼は友人のヘンリー・フォーセットに宛てた手紙で嘆いている。「この調子でいくと、砂利の採取場へ行って、小石の数を数えて色を調べる人間が出てきてもおかしくないと、だれかが言っていたのを覚えている。観察とはみな、見解を支えるかそれに反するかを見極めるためのものであって、そうでなければ何の役にも立たないとだれもわかっていないとは、何と奇妙なことか！」自然を理解するために事実が役に立つとするなら、事実は主張を伴っていなければならない。そして一九世紀の前半、人間性に関する科学論議の中心は人種だった。

当時は博物学者のあいだでさえ、神がすべての生命の創造主であると考えるのが普通だった。

問題は神がひとりだけ作ったのか、たくさんなのか、また創造にはどのような目的があるのかということだった。ゆえに、モートンの『アメリカ原住民の頭蓋』の付録で、名の知れたスコットランドの骨相学者でモートンのファンでもあるジョージ・コームは次のように書いた。このフィラデルフィアの医者による発見は、ほかとは無関係な大量の新事実だと単純に考えてはならない。頭蓋測定は、頭蓋骨の持ち主の智徳の重さを伝えている。「この学説が理論に基づいていないのであれば、頭蓋骨は自然史のたんなる事実にすぎないことになる」[118]とコームは記している。「つまり頭蓋骨は、人間の精神の質についてこれといった情報を示していないことになってしまう」。だがそうではない、とコームは主張した。頭蓋測定の情報には人類史全体に関わる重大な意味が含まれているのだ。ほかにも、モートンの測定結果を取り上げて、白人がもっともすぐれているという科学的証拠がそこにあるとすぐにでも述べたい福音伝道者はいくらでもいた。くわえて、進化論以前のアメリカの物理人類学界は特に、異なる場所に異なる人種が作られた可能性があるという分離創造の考え方に傾斜していた。人種隔離の極端な擁護者の一部はその論理を利用して、「白人」と「エチオピア人」は実質的に異なる種だと提唱さえした。白人のフィルターを通して眺めた歴史も注目を浴びていた。エジプトの古代の記録にまで肌の黒い人々が奴隷として描かれており、そのような記録は白人にとって十分に古い歴史だと思われたため（先住民の歴史には見向きもせずに）、黒人はいつの時代にも奴隷であり、それが自然界における彼らの役割なのだと結論づけられた。モートン本人は著書でそのような主張はしていないが、友人や頭蓋骨を届ける人が白人優位を支える決定的な記録として彼の本を用いることを止めようとはしなかった。

モートンやその同僚の歴史を振り返って、あふれる怒りを感じないことは不可能だ。彼らが生物学的事実として信じて疑わなかったものごとは、人種差別主義者の空想以外の何ものでもなかった。モートンは一般に、彼の研究結果を利用して、アメリカで白人が乱暴に押しつけた社会秩序や奴隷制度を正当化した多くの博物学者や政治家とは異なると考えられている。彼はデータを収集して、発見したことを公表しただけだ。それを分析し、意見を述べ、奴隷制度という悪を擁護しようとしたのは他人の勝手だろう。だが、歴史学者ウィリアム・スタントンが、アメリカ史の暗黒時代に関する彼の著書『ヒョウの斑点 *The Leopard's Spots*』で指摘しているように[119]、モートンは文面に、人類に対する自分の見解をまちがいなく残している。ある手紙では「気高い白人の形」と「品のないオーストラリア原住民やホッテントット」を比較し、彼個人の世界観をはっきりと示している[120]。人類の祖先は共通であること、あるいは生活状況だけで頭蓋骨の形が変わることを、彼は受け入れられなかったのだ。

しかしながら、当時は科学界のスターだったモートンも、すぐに忘れ去られてしまった。チャールズ・ダーウィンとアルフレッド・ラッセル・ウォレスが同時に考えつき、一八五九年にダーウィンの『種の起源』で発表された自然選択による進化の見解によって、複数の創造や種の分離誕生といった考え方が時代遅れであることが示されたためである。さらにアメリカ南北戦争と奴隷解放宣言によって、モートンと、頭蓋容量が最初から定まっているという考えを声高に唱えていた人々の勢いはますます衰えた。人種差別と不平等が終わることはけっしてなかったが、アメリカ史上最悪の戦争のつめ跡が残るなかで社会が変わっていくにつれて、モートンや同時代の人々が注目していた特定の科学に基づく人種のランクづけは次第に姿を消していった。そうして、モートンの研究結果は科学史の脚注になったのである――二〇世紀末までは。

論争に火をつけたのは、古生物学者でエッセイストでもあるスティーヴン・ジェイ・グールドだった。彼は一九八一年の著書『人間の測りまちがい――差別の科学史』［鈴木善次、森脇靖子訳。河出書房新社。一九八九年］で、モートンには黒人に対する無意識の偏見があり、それが客観的と言われたそのフィラデルフィアの医者の測定方法に染み込んでいると主張したのである。そのヒントはカラシの種子と鉛玉の値の差にあった。モートンが種子から鉛玉に変更したとき、すべての容積値が高くなったとグールドは指摘する。けれども、モートンが言うところの「エチオピア人」のカテゴリーはほかのどれよりも高くなる幅が広かった。つまり、モートンは無意識に、種子による測定を操作していた可能性があるというわけだ。[121] すでに人種別に分けてあった頭蓋骨に種子を多く詰めたり少なく詰めたりすることはできるが、鉛玉ではその同じ偏見が入り込む隙がない。

モートンの頭蓋骨コレクションを保管している人々はグールドの描写を快く思わなかった。二〇一一年、ジェイソン・ルイス率いる人類学者のチームが、遅まきながらグールドの非難に対して返答を差し出した。[122] それはモートンが鉛玉の測定を正確に行ったと主張する新たな調査だったが、グールドは最初から鉛玉については異論を述べていなかったため、それがまた新たな論争の火種になった。そうしてモートンとグールドのどちらの数が適しているのかで非難の応酬になったものの、結局のところ、歴史学者ジョナサン・カプランらが指摘するように、モートンが正確に計測したかどうかはたいした問題ではない。出どころの怪しげな頭蓋骨で生物学的に意味のない人種の区別に合わせて調査した、彼の研究そのものに最初から欠陥があったのだ。モートンがなぜ平均的な頭蓋容積を測りたかったのか、何を証明しようと考えたのかさえわからない。鉛玉で正確な測定をした。結構だ。しかし、データの収集は科学の最終目的ではなく、たんなるスタート地点にすぎない。そしてモートンは明らかに、自分のデータが当時の人種差別主義思想を強化するために用いられることにうしろめたさを覚えることはなかった。「しばしば出どころさえ不確かな一連の頭蓋骨が無秩序に集められ、（中略）近代的とはとても言えない方法で分類されてしまったあげく、適切な生物学的集団に結びつけ直すことができない状況は見るに耐えない」[123]とカプランらは述べている。「彼らが連れ去られた、もとの大集団について、有意義な答えを出すために役立てることができたはずなのに」。

しかしながら、今日の人類学はモートンの時代と同じではない。主要な人類学会は生物学的な人種という概念を否定している。では、モートンのような初期の学者から現在まで、どのようにしてたどり着いたのか。結局は、人類学そのものが、そうした人種差別の観念には根拠がないと示すことになった。そして、死者に基づいて主張された見解をひっくり返す証拠になったのは生きている人間だった。

その変化は一九〇〇年代の初めごろに起きた。当時のほとんどの物理人類学者と同じように、フランツ・ボアズは人種の起源に関心を抱いていた。何種類あるのか、どのように定まったのか。二〇世紀初頭の研究者だった彼は、そうした疑問を調べるのに最適な立場にあった。ボアズは当時の米自然史博物館で研究を行っていたが、ちょうどそのころはニューヨークに世界中から大勢の移民が流入した時期だった。そうした市内にあふれんばかりの人々がボアズの被験者だった。もし人種が明確な差異で、固定されたものであるなら、アメリカ人である移民の子どもたちは親と同じ特徴を示すはずだと、彼は推論した。けれども、子どもたちが、世界の別の場所で育った親と著しく異なっていたら、「人種」はじつは成形できるものであり、遺伝によって固定された分類項目ではないことになる。

そうしてボアズは計測を始めた。一九〇八年、彼はニューヨークの公立小学校に入ったロシア系ユダヤ人の少年たちの頭蓋骨を測定した。ところが予期せぬ結果に直面した。彼は少年たちがヨーロッパで収集された測定結果の範囲に収まるものと考えていたが、移民一世の子どもたちのあいだにさえ頭蓋の詳細に著しい差があり、従来の固定された不変の人種という解釈があてはまらない。つまり、人種の区分がなかったのである。けれどもボアズは確信が持てなかった（たとえば、公立学校の子どもを被験者に選んだために、貧しい階級の子どもよりも栄養状態がよく、病気が解剖学的構造に影響を与えることが少ないという利点があったのではないかと案じた)。そのため、彼と助手らは週ごとに、アメリカへやってきてまもないヨーロッパユダヤ人、ボヘミア人、シチリア人、ポーランド人、ハンガリー人、スコットランド人とその子どもたちの一二〇〇ほどの頭蓋骨を測定した。データの合計は一万八〇〇〇を超えた。結果は見まちがえようがなかった。アメリカ人である移民の子どもたちの頭蓋骨は親とは大きく異なり、栄養、疾病、ストレスといった環境要因が頭蓋の形に影響をおよぼしている可能性が示されたのである。そうした要因が頭蓋骨の多様化をもたらしたため、それまで長く主流だった単純な人種による分類が不可能になったのだ。人種は別々に創造されたものであり、環境にかかわらず区別はなくならないという考え方は、一八世紀から一九世紀初頭の博物学者から生まれ、アメリカ人類学の最初の世代が強引に押し進めたものだったのである。一九一一年にボアズは以下のように記している。

> これまで長いあいだ、もっとも安定した恒久的な人種の特徴と考えられてきた頭の形は、ヨーロッパからアメリカの大地へ移住すると大きく変化する。(中略)結果は明確だ。これまで人の型は不変だと仮定することが当然だったにもかかわらず、今やすべての証拠が人の型には大きな可変性があるという見解を裏づけている。そして、新しい環境に移っても型が変わらないのは原則というよりむしろ例外のように思われる。[124]

しかしながら、その所見においてボアズは自分が孤立していると感じていた。同僚は依然として人種の卓越を信じており、一般社会では、ボアズの発見は、ほかの人種にくわえて新しいアメリカの人種が生まれつつある証拠だと誤解された。人類学者は人種の固定観念とそれに伴う順序づけにしがみついた。ヨーロッパの血を引くアメリカ人は、自分たちを気高い北方人種の白人であると特徴づけて、次々に上陸する多様な移民によって血筋が薄まらないように身を守ろうとした。第二次世界大戦が起き、ホロコーストによって究極の人種主義者の邪悪なものの見方が明らかになってようやく、人類学者はそれまでその科学の基礎をなしていた人種による分類から半ば強制的に距離を置き始めた。[125]

一九五〇年、生物学者のジュリアン・ハクスリーが、ユネスコの事務局長として人種の科学に関する声明の草案を書こうと、人類学者と社会学者を招集した。専門家らはなおも自分たちが人間性の区分と考えるものについて概説したが、声明の主要なポイントは「実際的な社会の目的を考慮しても、『人種』はけっして生物学的現象などではなく、むしろ社会的な通念であり」、どの「人種」を比較しても生まれつきの能力に差はないということだった。この声明はあまねく受け入れられたわけではない。伝統に執着する人類学者や元ナチスがあまりに声高に科学誌で人種を擁護したため、ユネスコは以前とは別の生物学者を招集して再度声明の草案を作った。それでも、最初の声明は人類学の転機となった。少なくとも二〇世紀の人類学者の一部は、人種の命名、分類、順序づけに対するその学問の古いこだわりを押しのけようとしていた。

それはたいへんな仕事だった。[126] とりわけ、生物人類学者のジョナサン・マークスが指摘するように「物理人類学は骨相学、人類の多原発生説、人種の形式主義、優生学、そして社会生物学の重荷を背負っていた」ためである。それらは生物学的に決定づけられた差異を探す試みの下地だった。人類学が人種差別を生んだのではないが、一九世紀全体と二〇世紀初頭にそれをたきつけたことはまちがいない。第二次世界大戦の惨事と戦後アメリカで芽生えた公民権運動によって、人種を分けることに執着したあまり助長されてしまった権利の侵害と不平等が次々に明らかになるなかで、痛みを伴いながらゆっくりと変わっていくしかなかった。

遺伝学の発達も、人類学が導いた初期の人種差別的結論が主観的なものであること、それらが人間性を解釈する者の視点に多分に左右されていたことを裏づけただけだった。たとえば、ヒトという種のDNA調査では、人間の集団間ではなく集団内のほうが、遺伝的多様性があることがはっきりと示されている。DNAから骨そのものまで、どの点を取ってみても、生物学的な人種の痕跡はない。肌の色、身長、目の形ほか、どのような特徴でも、それをもとに区分しようとすると、いずれの類型にもあてはまらない人々がいることがわかるだろう。

骨相学と同じように、人種差別の枠組みのなかで行われる頭蓋骨の収集や計測への執着は、支配力を維持したい権力者の思惑がその根底にある。それは最初から明らかだった。ハワード大学の人類学者で、一九七六年から一九八二年まで全米有色人種地位向上協議会（NAACP）の代表を務めたW・モンタギュー・コブは次のように書いている。

商業的な関心、無知、そして征服の優越感という三つの要因が合わさって、当時のヨーロッパ文化に、黒人は生物学的に劣っているとの印象が植えつけられた。初期の物理人類学者が、白人を頂点とした人種の階層化を生物学的に正しい概念として受け入れたように見えることは、何ら驚くにはあたらない。また、心から信じていたにしても、意図していなかったにしても、優秀な人々がその見解を支持する解剖学的証拠を掲げて、巨額の経済利益をもたらす商業に正当性を与えるような事例が生じたことも例外的ではない。[127]

骨は、モートンが目的として掲げていたような、人類の真相を究明するために用いられたのではなかった。骨は抑圧と支配のために利用され、その名残は今なおわたしたちに影響を与えている。それでも人類学は前進したではないか、あるいは、たんに科学はそうやって進歩するのだと述べて、受け流す人もいる。人類学者ケネス・ケネディは言う。「たとえ一九五〇年代以前の物理人類学にあった明らかな『人種差別』が、現在の学問と大きく異なる特徴を持っていたように見えたとしても、恥ずかしがることはない。欧米の天文学の起源は占星術であり、初期の化学は錬金術、医学はシャーマニズム、そして生物学を育んだのは存在の連鎖という概念と自然神学だったのだ[128]」。

しかしながら、苦しんで命を落とした――そして今日もなお差別を受けている――多くの人にとって、それは少しも慰めにならない。その一因は、人種には区分が存在し、それは世界中で人々の地位を決定づけるものであるという根拠のない見解を、一九世紀の人類学者が熱心に宣伝したせいである。そのような取り組みが痛みを伴う分離を強制したため、わたしたちは今でも苦痛を受けているのだ。[129]

科学に基づくという触れ込みの人種主義は保守政治で人気があり、復活の兆しさえある。白人至上主義者の侮辱的な言動や主張は、一五〇年前に奴隷制度の擁護者が言っていたことによく似ている。この種の不快なものごとを避けて通ることは難しい。たとえば、二〇一八年の初めごろ、チェダーマンとして知られるイギリスの一万年前の骨が新たに遺伝子分析されて、この人物が黒い肌を持っていたことが示された。[130]人間はアフリカで誕生して世界各地に広がったのだから、それほど驚くべきことではない。ところが、人種差別、外国人嫌い、政治的孤立主義の復活に苦しんでいる現代の欧米の政治情勢を背景に、古代イングランドで暮らしていた初期の人類が色黒だったという事実に腹を立てた人々が、インターネットのあちらこちらで怒りをぶちまけた。

骨が心を乱す最大の理由は、それが生から死へと移りゆく命の象徴だからではない。故人の骨を利用して権力体制を強化、維持するという、生者の死者に対する行動がその原因である。科学が進歩しても傷痕は残る。人類学の過去。科学の名のもとに行われた行為。そして科学は人のためにあるとすぐに信用してしまわないだけの歴史的根拠を持っている人々がたくさんいる理由。人類学には、逃げることなくそれらと真摯に向き合う義務がある。瞬時に解決する方法はない。また、恐ろしい歴史を乗り越えて、信頼を構築することは容易ではない。それを考えると、人類学の収蔵品や考古学の遺骨調査すべてに潜んでいる重苦しい問題が浮かび上がってくる。死者はいったいだれのものなのか？

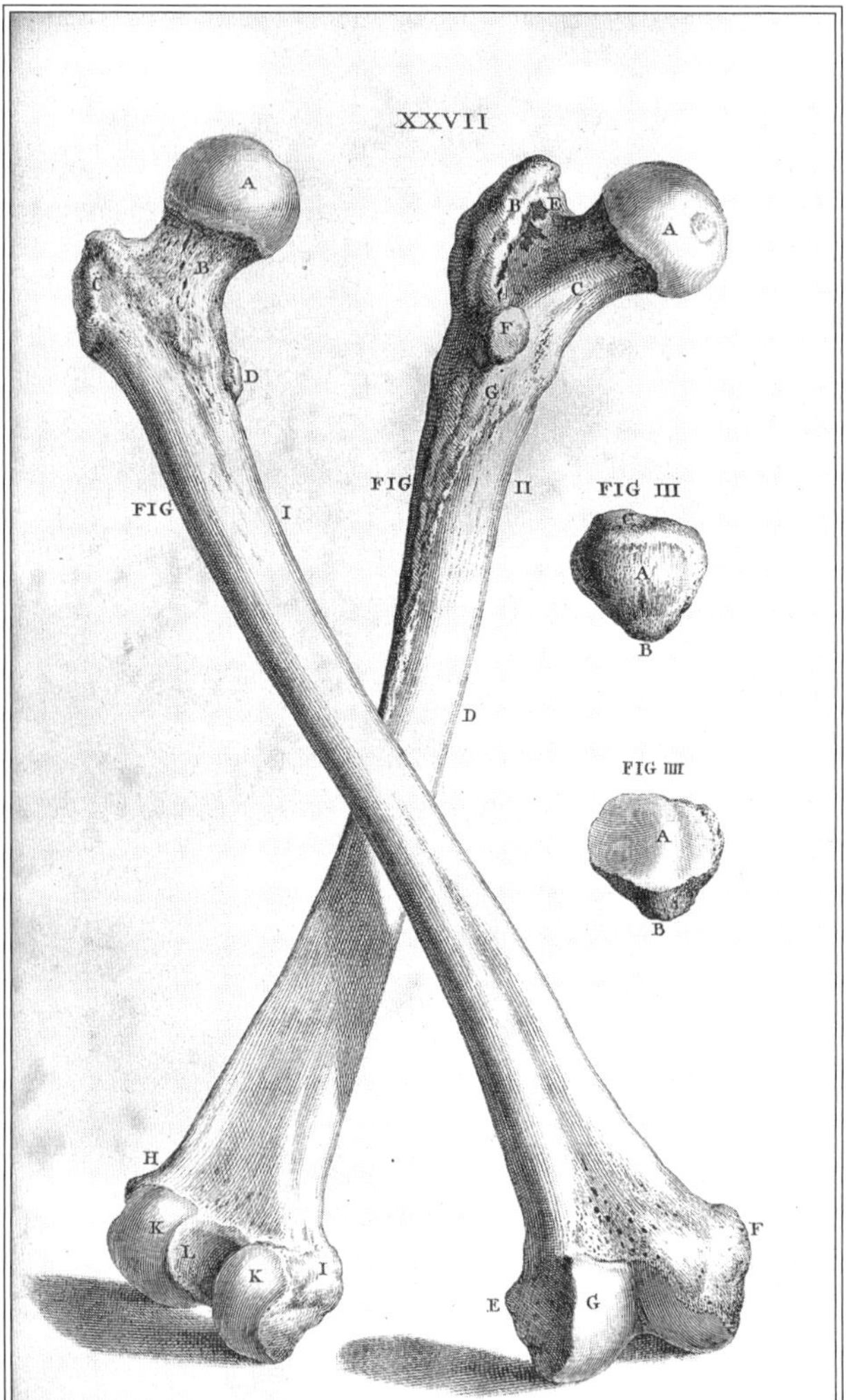
XXVII
FIG I
FIG II
FIG III
FIG IIII
A
B
C
D
E
F
G
H
I
K
L

# 第9章　骨の真相

二〇一七年二月一八日の凍えるような早朝、アメリカ北西部にあるコロンビア高原の某地に、骨を大地に還そうと二〇〇人を超える人々が集まっていた。[131] この集会には埋葬以上の意味があった。それは勝利である。ウマティィラ・インディアン居留地部族同盟の広報部長チャック・サムズが述べた。「ついに誤りが正された」。

二〇年にわたって、ヤカマ、ワナプム、ウマティィラ、コルヴィル、ネズ・パースの部族は、発掘された一体の遺骨が自分たちの祖先だと訴えてきた。だが彼らは、骨の権利を主張する多くの集団のひとつでしかなかった。九〇〇〇年前の骨の調査に関心のある人類学者から、アメリカ大陸は先住民族より前にその地に住んでいた民族のものであることを骨が証明していると信じた白人の国家主義者にいたるまで、ほぼだれもがその骨の所有権は自分たちにあると言おうとしていたように見えた。その戦いでだれの側についたかに関係なく、結果的にだれもが傷ついた。長引いた戦いは、過去を解き明かす権利はだれにあるのか、そして――遺骨がだれかのものであるならば――死者はだれのものなのかという重要な点で苦い教訓となった。

おそらくアメリカで、この問いの影響をもっとも大きく受けたのは、アメリカ先住民をおいてほかにないだろう。彼らの歴史において、科学とは、世界を解き明かすひとつの方法であるだけでなく、しばしば自分たちの文化や遺体を収集の対象として扱う制度化された力でもあった。科学はその歴史において、古代の骨、なかでも先住民族の遺骨の入手と調査を常態化させてきた。科学の権利を侵された人々が抗議すると、科学者も機関も、主張が正しいことを証明する負担を先住民に強いることがほとんどだった。それでいて返還が要請された骨は先住民の手の届かないところに保管された。科学の慣習には、認めたくないような権力が内在している。

科学者がケネウィック・マンと名づけ[132]、コルヴィル・インディアン居留地部族同盟では「古代の人」と呼ばれている（本書もそれに倣う）その骨は、九〇〇〇年以上前に、安らかな眠りにつけるよう、彼をよく知る人々の手で意図して掘られた墓に埋葬されていた。ところが一九九六年七月二八日、ひとつの頭蓋骨がワシントン州のコロンビア川で発見されたとき[133]、すべてが変わった。警察が人類学者のジェイムズ・チャタ－ズに調査を依頼したところ、それ以外の骨も見つかったのである。チャタ－ズは緊急の考古学資源保護法の許可を取りに、骨が見つかった土地を監督している陸軍工兵隊へと走った。現場で作業をしたチームは最終的にほぼひとり分の骨を掘り出した。頭蓋骨、背骨、肋骨、骨盤、手足、すべてがそこにあった。人間の骨格を作っている標準の二〇六個うち、欠けているものは数えるほどしかなかった。

当然、みなの心に浮かんだ最初の疑問は、その人物がだれかということだった。死亡と埋葬の時期を知るための手がかりになるような衣類や持ちものはなかった。チャターズがカリフォルニア大学リヴァーサイド校にある放射性炭素研究室に左手の骨のひとつを送った結果、骨は八三四〇年前から九二〇〇年前のものと推定された。ヨーロッパ人がアメリカ先住民と接触した時期より古いものであることは疑いようもなかった。つまりその骨は、北アメリカで発見されたなかで最古かつもっとも完全な骨格ということになる。その人物は、マンモスやサーベルタイガーが歩き回らなくなってからまだそれほど経たない時期に、太平洋岸を歩いていた人間だったのだ。

だが、その最初の発見が発端となって、そのような遺骨を保護するために制定されたばかりだった法律の妥当性が争われることになる。チャターズが発掘した骨の年代から、骨はアメリカ先住民墓地保護・返還法（ＮＡＧＰＲＡ）という条項の対象に該当し、法律に基づいて自動的にアメリカ先住民のものと推定された。放射性炭素の年代特定結果を受けて、陸軍工兵隊は骨を差し押さえ、保管するために地元の保安官事務所の証拠品ロッカーに預けて、遺骨に対するそれ以上の調査を禁じた。そして、その先二〇年にわたる苦しい戦いが始まった。

ＮＡＧＰＲＡはだれも完全には満足できないような条項である。それが制定されたときには、アメリカの古代の人々に関する重要な情報を利用できないとして科学者から不満が出た。その一方で、ＮＡＧＰＲＡが保護するはずの人々のなかには、法律が自分たちの親族の遺骨に手を出そうとする研究者を優遇しすぎていると考える人もいた。制定からほぼ三〇年経ち[134]、対話、協力、透明性を強調するその法律は、全般的に、研究者にもアメリカ先住民にも好ましいもののように見えるが、そもそもそのような法律が必要だった原因は、長年にわたる文化の横取りである。一九九〇年に制定されたその規制では、多くの博物館の収蔵品を作り上げている、何十年にもわたって行われてきた墓の盗掘や私物化をなかったことにはできない。盗まれたもののいくつかを返還し、さらなる被害を防ぐために一連の規則を作るのが関の山だった。

最初の予定では、ＮＡＧＰＲＡは一九九〇年一一月一六日から、連邦あるいは部族の土地で発見されたアメリカ先住民の遺骨や文化に関わるものを保護することになっていた。遺物は直系の子孫に返還されるはずだったが、遺骨が古ければ古いほど血縁の証明は難しくなる。返還を求める部族が関係を証明しなければならないため、ときに行き詰まることもあった。古い遺骨がすでに消滅してしまった集団や部族、あるいは存在しているけれども公認されていない集団に属していることもある。場合によっては、法律に従って血族関係を立証するために必要なＤＮＡ検査などの科学的調査を、集団側が拒むこともある。そうした状況では、政治と歴史が科学を取るか文化を取るかの緊張状態に陥りやすく、経験に基づく知識と、文化のなかで重んじられている伝統が重さを競い合った結果､科学の重要性に軍配が上がることが多い。少なくとも法律という点で、たとえ古代の遺骨と今生きている人々を結びつけるために科学調査が必要だとしても、伝統や自分たちの文化の言い伝えに基づいて関係を決定づける人々にとって、それは侮辱のように感じられる。こうした問題はきわめてデリケートであり、先住民族に対して行われてきた何世紀にもわたるヨーロッパの偏狭な行為と抑圧の重さを背負っている。ケネウィックの事例は、新しい規制の欠点を浮き彫りにして、すべてを振り出しに戻した。[135]
ＮＡＧＰＲＡはそもそも、現代の先住民と明らかなつながりのない古代の骨を扱うようには意図されていない。それでも「古代の人」は新法の欠陥の象徴になった。ＮＡＧＰＲＡの条項では、十分に古い骨は自動的にアメリカ先住民として分類されると述べられている。発掘された遺骨の時代より前に、その地にほかの民族集団や文化が存在していた確固たる証拠はなかった――そして今もない。けれども、チャターズは発見された骨に異なるものを見出した。
チャターズは頭蓋骨にあごの四角いヨーロッパの系統、あるいはもしかするとアジアの血筋のかすかな兆候があると考えた。実際、最初に見たとき彼は、骨が現場付近の白人居住者のものだと思ったくらいだった。骨の本当の年代が判明してからもなお、長い顔、角張ったあご、細長い頭蓋を根拠に、チャターズは「古代の人」を「コーカソイド」と言い表した。それから、顔の復元に取りかかり、第六三回アメリカ考古学協会の会議でそれを披露した。チャターズが得意げに同僚に見せた顔はひどくヨーロッパ人に似ていた。チャターズは、自分はそのようなメッセージを伝えようとしているのではないと言い張ったが――会議で人類学者に「だれも白人だとは言っていない」と述べた――その復元されたばかりの顔は、スタートレックの宇宙船エンタープライズのブリッジでジャン・リュック・ピカードに扮して命令を出そうとしている俳優パトリック・スチュワートに瓜ふたつだった。
顔の復元は科学を具体化する。あらかじめ決まっている筋付着部、脂肪や筋膜の厚さの詳細、またそれ以外にも復元にあたって考慮しなければならないことはたくさんあるが、それでも復元は仮説にすぎず、データと計測に基づく主観的な推測である。骨だけから人種や出身国を完全に明らかにすることは不可能だ。肌の色や生まれた国を示す骨学的指標など存在しない。人類学者は頭蓋骨を見て、特徴一式から仮説を立てることはできるが、そのような属性の判定に絶対確実な方法などない。ところが「古代の人」は白人として蘇り、コルヴィル居留地部族同盟とはいっさい関係のない人間、どこか別の場所からやってきた旅人の役を与えられた。部族は考古学者の発表に異議を唱えた。

チャターズが披露した復元には何の科学的根拠もなかったにもかかわらず、それを真に受けた人々がいた。骨を調査したい人類学者らは、「古代の人」がアメリカ先住民ではないと信じ込み、頭蓋骨の特徴はまだ知られていない系統の珍しいもので、国民はその人物の過去と、そこからわかるアメリカ大陸の歴史について知る権利があると主張した。人種的な動機を抱えるアサトゥル民族集会は「古代の人」が白人らしいというニュースを利用して、その骨がヨーロッパ人の系統に近いと公言した。白人国家主義者は何のためらいもなくそれに飛びつき、一〇〇年も前に葬り去られた議論を引っ張り出した。

一九世紀、人類学と考古学が科学になる方法を模索し始めたころ、アメリカ中西部一帯で発見された奇妙な丘や土塁をめぐる騒動が起きた。最初は乱暴に、途中からは整然と掘り進めた結果、それは人工物や骨が埋められた古墳だったことが判明した。いったいだれのものだろう?　明らかな答えは、その古墳が数百年、あるいは数千年前のアメリカ先住民によって作られたものだと考えることだった。ところが専門家の一部は、アメリカ先住民にそれだけの建造物を建てられるほど高度な知識があったとは信じられない、文化が変わるわけがないと考えた。人は時を経ても変化しないはずだったのだ。もちろん、人類の歴史すべてが逆の証拠を示している。ところが、初期の考古学者のなかに、アメリカ先住民より前に別の人間が住んでいたという説を唱える者が出てきた。それは洗練された古墳文化を持つ未知の人々で、メキシコ人、デンマーク人、ヒンドゥー人など、とにかくアメリカの先住民以外とつながりのあるだれかだと言われた。この考古学的主張のとんでもない推論によれば、アメリカ先住民は実際には先住者ではなく、アメリカ大陸の最初の居住者はヨーロッパ系だということになる。その観点から見れば、先住民を絶滅に追い込もうとした白人による西部の開拓は、ヨーロッパ系の子孫がかつて自分たちのものだった土地を取り返すためだったと考え直すことができる。それは、アメリカ先住民は原始的で、時代に逆行しており、先進的な白人文明の影響を拒んであえて野蛮な生活をしているとみなす、当時の人種差別の主張にとってまさに好都合だった。

　むろん、古墳を作ったのはアメリカ先住民である。一九世紀末までには、内部の道具やその他の人工物から考古学者にもそれが明らかになっていた。けれどもそのはるか昔に捨てられたはずの考え方を見れば、ワシントン州でくだんの遺骨が発掘されたときに起きたことはおのずとわかる。[136] ただし現代では、科学が乗り越えようとしていた差別の歴史を背景に、専門家の関心と政府機関とがもつれ合った。陸軍工兵隊は、未知の土地からやってきた「旅人」を調査したいチャターズと新たに加わった八人の人類学者の訴えを退けた。政府の科学者が骨の解剖学的構造はアメリカ先住民の差異の範囲内に収まると結論づけたため、「古代の人」をほかの文化圏からやってきた謎の流浪者と考える根拠はなかった。そこで、陸軍工兵隊は、血族関係を主張したウマティラ族に骨を返還する手続きにとりかかった。ところが、北アメリカにだれが住んでいたのか、いつ移り住んだのかについて、骨がことのほか新しい情報をもたらす可能性があるのだとするなら、科学は大陸の過去に関する重要な証拠を失うことになりかねないと危機感を抱いて、当事者ではない人類学者が骨の入手権利を求めて裁判を起こした。そのボニクセン対アメリカ合衆国の裁判に、だらだらと一〇年の大半が費やされた。

「古代の人」をめぐる判断はまさに根本的な疑問にかかっていた。つまり、この人物がアメリカ先住民かどうかである。先住民であれば、法律が明確に示しているように、請求に応じて返還されるのが当然だった。先住民でなければ、その扱いは法に定められていない。しかしながら、疑問そのものがあいまいである。「過去二〇年にわたったインディアンと人類学者の論争は基本的に、どちらが定義を支配するかという激しい戦いだった」[137]と、スタンディング・ロック・スー族の作家ヴァイン・デロリア・ジュニアは書いている。「インディアンとは本当は何なのかを定義するのはだれか?」

ＮＡＧＰＲＡは遺骨をアメリカ先住民と判断する方法については具体的に述べておらず、骨そのものの解剖学的構造もたいして役に立たない。それでも、身元不明の遺骨に人種を割りあてることができると主張する人類学者は——とりわけ法科学の分野に——いる。「古代の人」が発見される数年前に発表された論文で、人類学者ノーマン・ザウアーは「人種がないというなら、なぜ法人類学者はそれを特定することが得意なのか?」[138]と問いかけている。死者の骨の人種に関する所見を出すことは法医学分析では日々行われていることだとザウアーは言う。そしてそれらは、法人類学者が支えている「社会の日常的な利用方法を反映して」黒人、白人、アジア人の三つの区分で用いられている。これは生物学的な人種の問題とは無関係だが、知識に裏づけられた推測であり、遺留品のない遺骨を行方不明者リストと照らし合わせるために役立つ場合がある、と彼はつけ加えている。それでもやはり、「法人類学者が［遺骨の身元特定で］判断を下すたびに、従来の非科学的な人種の概念に人類学分野の承認印を押すのは問題であり、それについて容易な解決策は見えてこない」と彼は結論づけている。もしかすると、起源や文化で判別される特定集団の特徴を表すにあたって、「系統」や「所属」のような別の言葉を利用すればよいのだろうか。だが、考古学者デヴィッド・ハースト・トーマスは、そのような区別をつけるにあたって利用可能な一定の特徴が存在するという発想そのものが問題だと述べている。細かく記録された頭蓋骨コレクションであっても、人種別に分類すれば、やはりそれぞれの民族の固定観念に基づくことになる。もしどうしても人種を割りあてたいのであれば、骨ではなく文化的証拠に基づいて行わなければならない。

この複雑な状況は容易には解決できないだろう。たとえ、生物学的な根拠がないとわかっていても、人類学とその前身が作り上げた分類方法――人種を取り巻く用語と概念――から離れることは難しい。アメリカ先住民という区別でさえ最近考案されたものだ。そこに生物学は反映されていない。DNAや解剖学的組織がどれほど大量にあっても、だれかをアメリカ先住民と特定することはできない。なぜならそのアイデンティティは文化に備わっているからだ。文化がそこに属する人を選び、取り入れるのである。ポーニー族の歴史学者ロジャー・エコー・ホークと人類学者ラリー・ジマーマンによれば、「『古代の人』は人種などとは無関係に生きて死んだ。そして、アメリカの人種戦争で勝ち取った勝利のしるしとして未来へと一歩を踏み出した[139]」。いかに古い分類を避けて通るかは依然として大きな課題である。そしてそれが「古代の人」の問題を泥沼化させた。

どうすれば人類学は人種主義を乗り越えられるのか。そうした問題点は、二〇年を超えて繰り広げられた訴訟の苦痛によっても浮き彫りにされた。訴訟好きな人類学者はもちろん、裁判制度も「古代の人」の血筋が伝承を通してコルヴィル居留地部族同盟につながっているとする見解を退けた。オレゴン地方裁判所が二〇〇二年に科学者に有利な判決を下したのである。またしてもアメリカ先住民が、自分たちの歴史の本質について部外者に口出しされた判例だった。その風潮は何世紀も前から続いていた。なかでも、人類学と考古学の遺骨収集が盛んだった一九世紀は特に激しかった。

一八六八年、軍医総監が戦地にいる陸軍の士官に、陸軍医学博物館に宛てて手あたり次第にアメリカ先住民の骨を送るよう呼びかけた。盗まれた遺骨の数――人の数――は吐き気を催すほどである。命令が出されてから四年のあいだに、ひとりの軍医だけで四二体の先住民の骨を博物館に送った。ダコタにいた別の軍医はスー族の若い女性の墓を掘り起こして頭を切り落とし、「見事な標本」として博物館のある東部へ発送した。それから二週間も経たないうちに、同じ医者は再び「墓のなかで遺体が冷たくなる前に」先住民の頭を切り落とそうと、ふたりの助手を引き連れ、人目を避けて歩き回った。そうやって、短期間のうちに、博物館は八〇〇を超えるアメリカ先住民の頭蓋骨を集めたのである。

そうした収集はその後一〇〇年以上も続いた。一九七一年には、建設業者がアイオワ州グレンウッド近郊で高速道路を建設中に、忘れ去られた墓地を掘り起こした[140]。現場と埋葬物の調査に考古学者が呼ばれ、その古い墓跡でヨーロッパ系の入植者と思われる二六体の遺骨が見つかった。彼らは骨つぼに入れられ、埋葬し直された。一方、墓にあった遺品をもとに、考古学者はアメリカ先住民の女性とその子どもの遺体も確認したが、彼女らはアイオワシティにいる州の考古学者のもとへ送られた。アメリカ先住民はこの仕打ちを忘れていない。「アラバマ州モビールの病院で亡くなったチョクトー族のふたりの女性について読んだことがあるわ。彼女たちの頭蓋は一八六九年にスミソニアン博物館に送られたの[141]」とチョクトー族の人類学者ドロシー・リパートは記憶をたどっている。「わたしには、チョクトー族で死者というだけの理由で博物館の標本にされてしまうように感じられた。だからすぐに『わたしの遺骨を国立自然史博物館の収蔵品として取得することを禁ずる』という医療識別票のブレスレットを作ったの。冗談は半分だけよ」。

ケネウィックの事例は、人類の歴史を知りたい科学者と、文化の伝統を大切にするアメリカ先住民との新たな戦いだった。アメリカ先住民族の連合は「古代の人」が未知の旧アメリカ人であるという主張に揺さぶられはしなかった。彼らは裁判がいくつもの訴訟にわたり、骨が保管のためにワシントン州のバーク博物館に収蔵されることになっても、断固として抗議を続けた。それでも科学者が勝利を収めたように見えた。二〇一四年、「古代の人」を利用する権利を訴えたふたりの著名な人類学者、ダグラス・アウスリーとリチャード・ジャンツによる監修のもと、食べていたものの化学的痕跡から体脂肪や外見の仮説にいたるまで、遺骨の調査から判明したすべてを網羅する分厚い本が出版された。「古代の人」は太平洋岸北西部の海の恵みを享受しながら海岸線を放浪していた、と本は締めくくっている。しかしながら、「古代の人」にもっとも近い民族はだれかというきわめて重要な疑問について、アウスリーとジャンツは疑問符をつけた。彼らは頭蓋および顔面の測定結果を支持して――先住民との関係を切り離すために旧アメリカ人という呼び名をつけてひとまとめにされている古代アメリカの遺骨と同様に――「古代の人」とアメリカ先住民のあいだに線を引いたのである。彼らは「古代の人」がだれに近いのか、あるいは広い世界のどこからやってきたのかを確実に述べることはできなかったにもかかわらず、この人物はアメリカ先住民ではないと頑として譲らなかった。そうしなければ、その骨の調査全体が無になり、骨が返還されてしまうからだ。

ところがまもなく膠着状態が打破された。

たったひとつの調査が科学に大きな影響を与えることはまれである。研究分野があまりに特化して、仮説が狭い範囲にかぎられているため、重大な主張のほとんどは、追加の検証と確認が必要な、議論の余地のある仮説として扱われるからだ。ネイチャー誌やサイエンス誌に掲載された一編の論文が広く取り上げられて議論になることはあるが、ひとつの研究によってただちに状況が変わることはめったにない。けれども、論争の的になっていた骨に焦点を合わせた本が出版されてから一年後、遺伝子分析が「古代の人」の背景物語を一発でひっくり返した。少なくとも、科学者にとってはそうだった。アメリカ先住民から見れば、その知らせはあたりまえだった。

それまで「古代の人」の骨をDNA分析にかける試みは失敗に終わっていた。ところが、ネイチャー誌に掲載されたところによれば、遺伝学者モーテン・ラスムッセンらがその遺骨のDNA抽出と分析に成功したのである。彼らが得た結果は「古代の人」がアジアの遊牧民あるいはヨーロッパ人と深いつながりを持つという説と相反していた。[142]むしろ、「古代の人」はほかのどのグループよりもアメリカ先住民と近い血縁であることが示されたのである。もう少し詳しく述べると、「古代の人」の返還を求めて訴えていたコルヴィル居留地部族連合との遺伝的な結びつきが検出されたのだ。ラスムッセンらは同時に、「古代の人」を特定するにあたって頭蓋と顔面の測定が有効だとする認識も切り捨てた。人の集団と集団の比較は別として、ひとつの頭蓋骨を広いカテゴリーにあてはめようとすることに本質的に無理がある。頭蓋骨の形があまりに多様だからだ。特定の頭蓋骨の形をしていて、予想もしないような遺伝子特性を持っている人もいる。たとえば、ノースダコタのアリカラ族は、分類上はポリネシア人に近いと考えられる頭蓋骨の形をしているが、DNAと文化はほかのアメリカ先住民と結びついている。

そのニュースはただちに「古代の人」がどうなるかについてのさまざまな憶測に火をつけた。遺伝学者は結果に自信を持っていたが、アウスリーなどの人類学者は「古代の人」の頭蓋骨はそれとは違う血縁関係を証明しているとなおも言い張っていた。彼は「古代の人」を「旅人」と呼び続け、「どこか別の場所からやってきた[143]」別の文化に属する人々だと確信を抱いていた。アメリカ先住民のDNAデータが乏しいため、「古代の人」を特定の部族と関連づけることには問題があると述べる解説者もいた。だが、コルヴィル居留地部族連合は「古代の人」と比較するために自分たちのDNAサンプルを提供するかどうかを慎重に検討せざるをえなかった。「科学によるこれまでの仕打ちを考えると、難しい決定だった[144]」と部族議会の議長ジム・ボイドは述べている。最終的に彼らは検査に参加することに同意し、遺伝子の証拠をもとに「古代の人」を故郷に連れ帰ることができた。二〇一六年一二月、バラク・オバマ大統領が、訴訟の原告であるアメリカ先住民に「古代の人」を返還する法律に署名した。遺骨はすみやかに埋葬された[145]。「古代の人」はようやく安らかに眠ることができるが、その決定には多くの犠牲が払われた。このような方法を取らずにすませることもできたはずだった。ヴァイン・デロリアは記している。

これまで「考古学はずっと、まるで使いたい放題のクレジットカードのように目の前に『科学』を振りかざす人々に支配されてきた。そしてわたしたちは、この学問分野を代表する彼らが客観的かつ偏見のない方法を用いていると信じて、それに従ってきた」。ケネウィックのケースはその搾取が続いていた例だった。しかしながら、ケネウィックの論争が展開されていたあいだにも、またそれ以降にも、人類学者とその調査対象となる民族がともに死者に敬意を払いながら協力する、見本となるような取り組みが行われている。

「古代の人」が発掘される何年も前の一九八九年、アイダホ州ビュール付近でアメリカ先住民の遺骨が発見された。[146] かなり古いものに見えたが確認するためには放射性炭素による年代特定が必要だった。そこで考古学者は、フォート・フォールのショショーニ・バノック族に、年代を突き止めるために大腿骨の標本をとる許可を願い出た。その結果、骨はおよそ一万六七五年前のものとわかった。その後の一九九一年、研究者は部族に追加の分析と骨を型取る許可を申請した。それ以上骨を傷つける行為は行わないという条件つきで、それも承認された。調査を終えたその年の末までには、骨は返還され、埋葬された。

「古代の人」をめぐる論争ときまりの悪さから、研究者は以前にも増して身元不明の遺骨や先住民族への働きかけについて慎重に考えるようになっている。わたしたちは今なお、倫理観が審査され、議論され、修正されていく、成長の苦しみのなかにいる。人類学と考古学はけっして無視することのできない残酷な負の遺産を背負っているが、それでも過去の罪を克服して、よりよい協力関係を築き、そうしなければ学べないような知識を得られる望みはある。研究者チップ・コルウェルとスティーヴン・ナッシュは、人骨を扱うさいに死者とその親族の意思を尊重するようなインフォームド・コンセントの枠組みを用いるべきだとして、新しいひな形を提案している。[147] 必ずしもすべての遺骨が返還されて埋葬し直されるべきだという意味ではない。けれども、部族に連絡を取って、彼らと血のつながりのある遺骨をどうしてほしいかを尋ねる真摯な取り組みが重要である。死者とつながりのある人々の意見を聞くことなく、好き勝手に死者を扱う権利は科学にはもはやない。そして、そうした配慮はすでに政策のなかに少しずつ取り込まれてきている。当初のNAGPRAの条項では、きわめて古く、直接つながりのない遺骨は考慮されていなかった。そのためケネウィックの事例が大騒動になってたくさんの悲しみを生んだ。けれども二〇一〇年五月一四日、文化的な結びつきがわからないけれどもアメリカ先住民と判断された遺骨に適用される新法、連邦規則四三巻一〇条一一項、文化的アイデンティティが不明な遺骨の処置に関する規制によって、法律の空白を埋める努力が払われた。アメリカ中の博物館で、人類学者と考古学者が先導して、収蔵品のうち身元がわからない遺骨に適切な安息の地を探す試みが始まった。

法律が可決されてまもなく、「古代の人」については引き続き結論の出ない議論が続けられていた一方で、バーク博物館とワシントン大学の専門家は、文化的アイデンティティのわからないアメリカ先住民の遺骨を探して収蔵品に目を通していた。出土した場所についてまったく、あるいはほとんど情報のないそれらの骨は、保管棚に数十体見つかった。人類学者メーゴン・ノーブルの詳述によれば、その二機関は遺骨について州の部族に意見を求めるための助成金を受け、次に何をすべきかを面と向かって話し合う場を設けた。いくらか場所に関する情報を伴っている遺骨は比較的扱いやすかった。その地域にゆかりのある部族のものとみなせばよい。いっさい情報のない遺骨については、判断はそれより難しくなる。

法律によれば、研究者は厳密には、地理的背景のない遺骨を返還しなくてもよい。だが彼らはともかく返還することにした。背景記録のない骨は研究者にとって実質的に役に立たず、ノーブルによれば、だれも調査していなかったためだ。「バーク博物館の一三年で、由来や文化的アイデンティティのわからない遺骨の研究要請は皆無だった」。骨を保管し続ける理由はなかった。ノーブルによれば、出席者一九人、一五の部族の代表が集まった協議は、その骨についてそれ以上の調査は行わず返還を目標にすることで意見が一致した。二〇一三年七月、永眠の地に選ばれた、州の中央にあるセントラル・ワシントン高原に七つの部族が集まり、身元がわからない五三体のアメリカ先住民を埋葬した。

こうした議論はアメリカ先住民だけに関係しているわけではない。先住民とその文化に対する侮辱的な言動は耐え難いものだが、新たに協力と同意が重要視されるようになって、人類学者と考古学者は出どころが疑わしい、あるいはわからない先住民以外のアメリカ人の遺骨についてもどうすべきかに目を向けるようになった。コルウェルとナッシュは起源や由来のわからない骨への対応策となるような先例を作ろうと試みた。デンヴァー自然科学博物館の収蔵品に先住民ではない謎の遺骨があることを知って、彼らは博物館員とさまざまな宗教の代表者を集めて宗派を超えた会合を開いた。その結果、骨はきちんと埋葬されることが決まり、万が一のちの調査で必要になったときに備えて情報を保管すべく、前もってスキャンされた。そうなってくると、盗んだり、許可を得ずに入手したりしたほかの骨のコレクションについてはどうなのだろうと疑問がわく。いったいどの時点で、だれかを展示品として眺めるのをやめて、再び人間に戻せばよいのだろう。仮の話ではない。その疑問はチャールズ・バーンのような骨に直接あてはまる。

　一八世紀末、身長が二メートル三〇センチほどあったバーンは「アイルランドの巨人」として知られるようになった。[148] 彼は人々が口を開けて眺めるようなその背の高さと同じくらい、人あたりがよく、気がやさしい人として慕われてもいた。それでもバーンは、鋭い目つきで自分を見ている人間がいることにも気づいていた。当時のロンドンは医学実験や標本収集の最盛期である。バーンは自分が死んだらきっと収集の対象にされるだろうと思った。そこで彼は解剖台の上に置かれなくてすむよう、鉛の棺に入れて海に沈めてくれとはっきりと意思表示をしておいた。ところが、それだけではジョン・ハンターという名の外科医を思いとどまらせることにはならなかった。当時は知られていない病気だった先端巨大症（彼が巨人になった原因）に関連する合併症によって、バーンが二二歳で亡くなると、ハンターは手はずを整えてバーンの遺体を盗ませた。バーンの骨はまもなく王立外科医師会に展示され、以来ずっとそのままだ。

この不正に入手された骨を返還する意志は現代医学の専門家にさえほとんどないように見える。二〇一一年、倫理学者レン・ドイヤルと法学教授トーマス・マインザーが、バーンを正当に扱い、彼の望みどおりに葬るよう改めて呼びかけたときには、バーンの意向を尊重するべきだと一般市民からも支援の声が上がった。[149] 王立外科医師会は問題を検討したものの、バーンを手放さないばかりか、ロンドンの片隅で訪問客を集めているハンテリアン博物館の目玉として展示し続けることを決定した。彼らはバーンを救う取り組みは二〇一七年春にも行われたが、イギリスの医師は動かなかった。彼らはバーンの骨からはまだ学ぶことがたくさんあると述べているが、その態度はもっぱらわたしたち人間がいかに死者に対して無慈悲になれるかということを示しているようなものである。

似たような残酷な例は古いものばかりではない。現代にもある。遺体の盗掘はかなりの金儲けになる。一九九五年から巡回展示されている「人体の不思議展」では、人間の体内の仕組みが独特な切り口で詳細に表現されている。ドイツ人アーティストのグンター・フォン・ハーゲンスが開発したプラスティネーションという技術を用いると、死体や、場合によってはその一部を、まだ生きているかのように見せることができるため、来場者には日ごろ目に見えない体内のようすがよくわかる。ところが、フォン・ハーゲンは死体が倫理的かつ合意のもとに手に入れたものであると繰り返し断言していたにもかかわらず、二〇〇四年に、人体の不思議展の死体の少なくとも一部が処刑された中国人の囚人だった証拠が暴露された。[150] 銃弾の痕と電子メールのやりとりから、遺体が違法に入手されたことはほとんど疑いようがなく、少なくとも七体は埋葬のために中国に送り返された。「人体の暴露展」といった同様の展示も、中国、ロシア、東欧から入手された遺体の出どころがただちに疑われ、同じ罪に問われた。[151]

展示のために囚人の遺体を密輸するなどと聞くとあたかも低俗なスリラーのひねったあらすじのようで、珍しい事件のように感じられるかもしれない。だが、遺体やその一部の売買は、公然と大々的に昔から広く行われている。ジャーナリストのスコット・カーニーは、移植のための腎臓から装飾用の骨まですべてを扱っているその市場をレッドマーケットと呼ぶ。[152]

レッドマーケットという名前だけで、あたかも『エルダー・スクロールズV　スカイリム』のようなゲームに出てくる薄暗い秘密の路地で、マントを着た人物が珍しい違法な品ものを売りつけるシーンが連想されるが、実際にはまったく隠れていない。盗まれた骨の売買はおおっぴらに行われている。たとえば二〇〇七年には、インドのカルカッタでヤング・ブラザーズという医療用品の会社が捜査された。[153] 店頭から強烈な悪臭がすると近隣住民から苦情が出たため調べると、そこの労働者がときおり屋根の上で骨を乾かしていたのである。その会社は、墓、ヒンドゥー教徒の火葬用の薪のなか、川などから遺体を盗んでいた泥棒から、一体四五ドルで売るために骨を買い上げていた。[154] 警察はトラックいっぱいの人骨と書類を発見した。一九八二年から骨の輸出が禁じられているにもかかわらず、遺骨はアメリカやシンガポールなどの各国へ出荷されることになっていた。ヤング・ブラザーズのオーナーであるヴィネシュ・アーロンはただちに逮捕されたが、まもなく釈放された。事業をやめるつもりはほとんどないらしく、ヤング・ブラザーズは今でもインターネット上の販売サイトを維持している。[155]「人間の骸骨素材（ほんものの人骨）あります。ぜひご検討&ご注文ください」

　インドが墓の盗掘と不法な骨の拠点になった理由を知るためには、再び一九世紀に戻らなくてはならない。インドが大英帝国の一部だった当時、イングランドの医大ブームでイギリス国内は危機的状況だった。死体の需要があまりにも膨れ上がったため、墓から盗み出して研究機関に売りつけ、ひと儲けしようと考える者もあとを絶たなかった。一八二八年には、ウィリアム・バークとウィリアム・ヘアの悪名高い二人組が、ロバート・ノックス博士の医学の授業に新鮮な死体を届けようと、一六人の殺害さえやってのけた。そうした「解剖学殺人」は一般市民と政治家に等しく衝撃を与え、一八三二年に解剖学法が制定された。その法律は、当時の医大を取り巻いて猛威を振るっていた犯罪を抑制するために、病院、刑務所、貧民収容施設で亡くなった引き取り手のない遺体や、解剖用の献体を、医師や学生が利用できるようにするものだった。だが、それでも問題は解決されなかった。人々は貧しい人が同意なしに解剖されていると訴え、イギリスはもちろんアメリカでも、死体の需要が合法な供給量をなおも上回っていた。そこで売買は、ヒンドゥー教の葬式で火葬のために積まれた薪のなかから遺体を引っ張り出したり、一般的な弔いの慣習のひとつとして聖なる川に流された遺体を引きずり上げたりすることが容易なインドへ移った。[156]それは一〇〇年以上も変わらずに続けられていたが、一九八五年、骨の売人が一五〇〇体を超える子どもの骨を所有しているのが見つかったと報じられて、インド政府はただちに人骨の輸出を禁じた。しかし、規制は市場の歯止めにはほとんどならなかった。インドで亡くなった人々の骨はなおも諸外国、とりわけ人骨の輸入を禁じていない国へと流れており、インド国内の医大でもほんものの人骨の需要が途絶える気配はない。[157]

一九世紀のイングランドやアメリカのように、インドも国内で医大ブームが起きており、学生はほんものの人骨で学ぶよう指導されている。教官が言うにはプラスチックの型や一般化された複製では学習にあたって詳細が不十分で——一般化された人間の解剖学的構造を学ぶ目的なら十分なはずだが——学生ひとりひとりが自分用の死体を購入するよう勧められている。[158] インドの国内市場は今でも大きなままだ。[159] 二〇一七年にも、西ベンガル州の川から遺体を引き上げて骨にして売ろうとした疑いで八人が逮捕された。極度の貧困が市場の原動力である。すぐにでも金銭を得たい人——インド、ブルンジ、中国、ほかのどこでもたいていは貧窮に陥った地域の人——は、最悪の状況から抜け出すためにしばしば腎臓、髪の毛、血液を売り、臓器ブローカーはもちろん断らない。[160] いくら逮捕しても起訴しても、それは、止まる気配などほとんどない巨大市場に対する小さな反撃にしかならないのである。

それだけではない。人骨の売買はポケットの電話や机の上のノートパソコンと同じくらい身近にある。なぜなら、売るのも買うのも、人骨の取引はアメリカのほとんどで合法だからだ。規定はある。アメリカ先住民の遺骨はＮＡＧＰＲＡで保護されているし、州ごとに人骨を市場で入手する、あるいは州境を越えて持ち運ぶ場合の条項が定められている。けれども、金さえあれば、ほんの数分で洗浄したばかりの人間の頭蓋骨や「アンティーク」調の頭蓋骨を注文できる。そうした個人間の販売には連邦の規制も監督も存在しない。カリフォルニア州ロスアラミトスにあるボーン・ルームというシンプルな名前の店のオンラインストアは、「アメリカ合衆国における人骨の所有と販売は完全に合法です[161]」と顧客を安心させている。同じページにある人間の頭蓋骨へのリンクをクリックすると「六〇四三番、インド、男性」のようなリストが現れて若干傷のある頭蓋骨が一八〇〇ドルで販売されている。そのリストにはその頭蓋骨がだれだったのか、どうやって手に入れたのか、一九八五年のインドの輸出禁止より前にアメリカに届いたものなのかどうかなどの情報はいっさいない。そして、この日々平然とあからさまに人骨が取引されている状態には厄介な問題が潜んでいる。

骨の収集はサブカルチャーのステータスシンボルだ。個人収集家のライアン・マシュー・コーンは私的コレクションとして二〇〇を超える頭蓋骨を所有していると豪語している。[162]それによって、サイエンスチャンネルの番組『オディティーズ』(奇妙なものごとの意)で司会を務めるにあたって必要な、神秘的な雰囲気が増幅されていることはまちがいない。アーティストのゼイン・ワイリーも人骨を購入して芸術的に手を加えていることでよく知られている。[163]映画監督ティム・バートン風の美を追求し、ゴスから高評価を得たいのであれば、人骨を手に入れて飾り、それなりの恐ろしげなムードを作り出すことは容易だ。なかでもエキゾチックで古い一風変わった骸骨はもっとも魅力のあるステータスシンボルである。ソーシャルメディアでそれらしいハッシュタグを見つけて追っていけば、レッドマーケットはすぐに見つかる。

入念に工夫された自分撮りとタトゥーアートの流行を思い起こさせるインスタグラムは、一見しただけでは人骨取引の拠点になりそうには見えないが、近年になってそれが変化している。理由のひとつは、ほかの人気のあるウェブサイトやアプリが遺骨の販売を禁じようとしているためだ。手工芸品を中心としたマーケットプレイスのエッツィは二〇一二年に人骨の販売を禁じた。[164]同様に、それまで黙認していたイーベイも二〇一六年に髪の毛を除く人間の部位の取引を停止した。こちらの場合は、新たな美徳に目覚めたというよりむしろ、そのオークションサイトで取引されていた人間の頭蓋骨を追跡した科学報告書が原因だった。[165]ルイジアナ州司法省のクリスティーン・ホーリングとライアン・ザイデマンが同サイトの四五四個の頭蓋骨の販売を追跡したところ、そのうちの五六個が「法医学あるいは考古学的に重要な[166]」もので、販売リストに掲載されてはいけないものだとわかった。二〇〇九年にザイデマンらの報告によってアメリカ先住民の頭蓋骨がイーベイで売られているとわかり、[167]のちにルイジアナ州が遺骨を差し押さえたことを思えば、これは驚くにはあたらないが、新たな報告書の結論は、その後一週間も経たないうちにイーベイがストアの方針を変更して人骨の販売を禁じるにあたって十分だった。かくして市場はインスタグラムに移り、専門家は骨がどのように取引されているのかを追跡している。

考古学者デイミアン・ハファーらは、遺骨がスマートフォンで市場に出されて買われる過程を追っている。[168] 彼は同僚のショーン・グレアムとともに、二〇一七年の論文『インスタデッド――インスタグラムの人骨取引における言語表現 *The Insta-Dead: The Rhetoric of the Human Remains Trade on Instagram*』で取引の仕組みを掘り下げている。結局のところ、骨の宣伝と購入に用いられている言葉はとてもなじみ深いものだった。全般的な雰囲気は、骨を人と認める以前に標本の入手が優先されていた一九世紀の考古学者や人類学者と同じである。「昔の収集の慣習が遺体を奪われたコミュニティを乱暴に傷つけたのと同じだ[169]」とハファーとグレアムは書いている。「コレクター間の交流を促進するソーシャルメディアの出現によって、その歴史が繰り返されているように見える」。だれだったのか、どこからきたのか、初めはどのように入手されたのかという情報が乏しいために、人だった骨から事実上人間性が奪われ、たんなる物になってしまっている。手の骨が凝ったネックレスに加工され、ガラスケースに入った頭蓋骨は居間のテーブルの装飾品だ。これもまた人が物にされるひとつの方法であり、科学用語にもそれがにじみ出ている。「考古学、民俗学、解剖学の対象というよりむしろ」とハファーとグレアムは続ける。「ソーシャルメディアやオンライン販売を通して人骨を売ったり、見せたり、取引したりできるために、遺骨が収集家市場向けの消費財として扱われるようになっている[170]」。

今現在、アメリカの骨取引は大部分において合法である。だが、だれもがそれほど無責任ではない。スカルズ・アンリミテッド・インターナショナルという業者は、新品の頭蓋骨をドナーから入手して、ほんものの骨を特別に必要としている医師や研究者に販売している。[171] それでも、骨董品や年代物と称して、出どころのわからない無数の骨がインスタグラムで取引されている――ハファーとグレアムによれば禁じられているはずのエッツィでもだ。それらは古く、壊れていて、汚れのある遺骨で、売りに出された広大な地所や、医大が所蔵していた処分品などと言われている。今日の活発な骨市場とは一線を画すようで、購入者はそれなら許されるだろうと思うのかもしれない。だが、医大の古い所蔵品はもともと倫理的ではない方法で入手された可能性が高い。骨の主要な売買業者は墓から盗まれたような怪しげなものは見抜けると述べているが、インスタグラムにはそのようなフィルターはない。ソーシャルメディアサイトにしても法執行機関にしても、規制をする側は出遅れている。

市場は成長を続けている。ハファーとグレアムは、二〇一三年から二〇一六年にインスタグラムで人骨を売ろうとしていた事例を追跡した。二〇一三年には関連のある投稿は三件しかなく、価格の合計は五二〇〇ドルだったのに対して、二〇一六年にはそれが七七件、合計金額は五万七〇〇〇ドルに上った。そのほとんどは珍しい高額品を扱うディーラーではない。彼らは小さな規模で売ったり買ったりする、奇妙なものの収集家、アーティスト、素人ディーラーで、売り込むにあたって#戦利品の頭蓋骨、#ほんものの骨などのタグを用いていた。

こうした取引はわたしを身震いさせる。自分が死後、博物館の棚の骸骨になって、死してなお教える立場になるのは構わないが、装飾品として売買されたり評価を定められたりして、ほこりをかぶったただの骨董品になると思うと鳥肌が立つ。人骨を珍しい品として扱うということは歴史や背景と切り離すということだ。骨は、何と言っても最後まで残る体の部位で、わたしたちの声が届かなくなってもなお、何世代にもわたって語り続けることができるのに。

XXXII

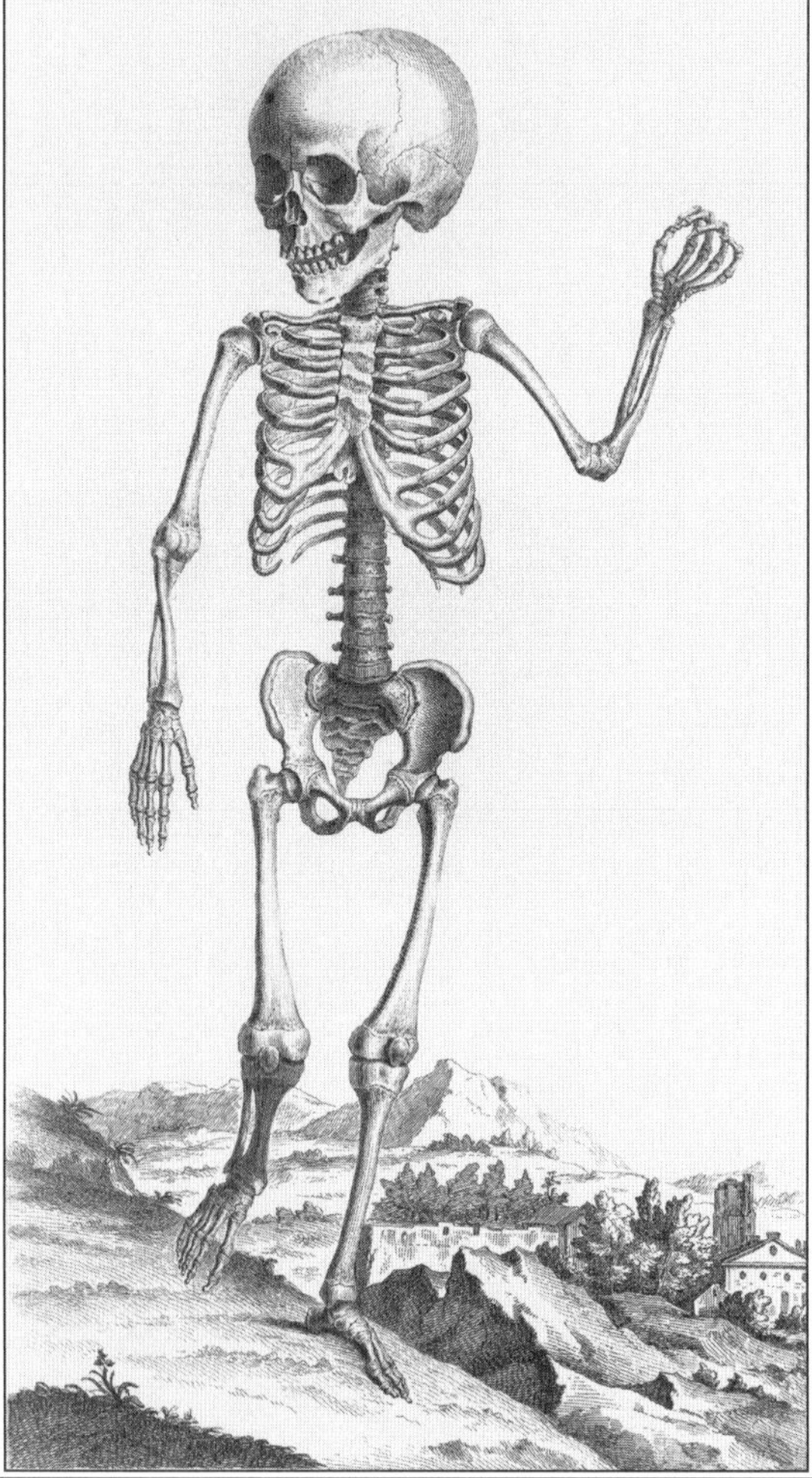

# 第10章　骨をうずめる

わたしはときどき静かに自分の骨について考えたくなる。

退屈したときの暇つぶしにはいつもそうする。前回はユタ州東部の砂漠で土砂降りにあって雨宿りをしていたときだった。もっとも、骨はすでに頭のなかにあった。一億五七〇〇万年前の恐竜化石層の上で、毎日四〇度を超える暑さのなか——七月の現場仕事ほどたいへんなものはない——せっせと働いていたからだ。その骨はなかなか岩から出てきてくれなかった。仕事ははかどらず、時間の経過とともに栗色の骨の周囲を削った石が山積みになり、遠いアバホ山地の空に入道雲がわき上がった。ときおり夕立がきては、作業員たちに、高台の採石場から下ったところにある砂岩の浅い洞穴で身を寄せて休む口実を与えた。そこでも雷が落ちる可能性があることを意識しないようにしながら。

そうした強いられた休憩時間に、ほとんどの作業員は目を閉じてうたた寝を始める。規則的な寝息がまだ起きている者の心を鎮める。けれどもわたしは眠れなかった。簡単にリラックスできない性分なのだ。頭の後ろで手を組み、靴の先を洞穴の出口に向けて土砂降りのしぶきにさらしながら、わたしは自分の骨に思いを馳せた。肉もはらわたも完全に取り除いて、それでも何らかの魔法で生きていたなら、こうして横たわっている姿はどのように見えるのだろう？　まるでX線写真のような自分。くつろごうとして体勢を変えるたびに関節が動いたり曲がったりする。いくらじっとしていても呼吸をするだけで胸郭が膨らんだり縮んだりする。それがわたしだとわかる人はいるだろうか？　たぶん。あるとき、ワシントンDCの会議で知人の骨学者が背後から歩いてきてこう言った。「頭蓋骨の形できみだとわかったよ！」　自分の骨に精神を集中させるのは不思議な感じがした。それは体外離脱というよりむしろ体内に入っていって、それぞれの場所にある二〇六個ほどの骨をイメージする感覚である。

　ときどき瞑想してみるとよい。飛行機の待ち時間や映画が始まる前、あるいは静かなひとときにスマートフォンから目を離すことができるなら、骨について考えてみよう。見かけの下にあるもの、感じることはできるが見えないものに神経を集中させる。手はそれにうってつけである。何よりも、体内にあるサルの骨格部分でもっともよく動くところであり、またもっとも私的な部分のひとつだからだ。手は周囲のさまざまな世界に直接触れる場所で、しばしば考えられているよりもずっと多くの特徴を持っている。皮膚、筋肉、靱帯の内側に、平らで細かい小さな骨が積み重なっていて、柔軟なちょうつがいの役目を果たす隙間を経て前腕とつながっている。それから体のほかの部分も思い描いてみよう。体内には背骨がある。頭蓋の骨はみな、皮膚のすぐ下で生物学的に溶接されている。手足の舟状骨《しゅうじょうこつ》や楔状骨《けつじょうこつ》が今何をしているかを考えるのはおそらく難しすぎるが、おおまかなとらえ方はわかるはずだ。少しのあいだ、自分という人間の核をなしている骨格だけを思い描くのである。

けれどもそれは、骨の自然な姿、骨の事実について考えているだけである。それらの骨が意味するものは、人それぞれのものの見方に左右される。わたしが骨について考えるときは、ダーウィンの「もっとも美しくてすばらしい、無限に繰り返される形」を思う。体内の骨に関することは、その配列から顕微鏡でしか見えないような小さな構造まですべて、偶然と自然選択による選別が組み合わせられた進化の証しである。そのときどきに役に立つものに合わせて、古い部分が混ぜ合わされたり組み合わされたりして、新しいものが生まれる。だが、それだけではない。わたしたちは骨のなかに過去を保ち続けている。ヒトという種は比較的若く、ほとんどの哺乳類が存続している一〇〇万年単位の平均にはまるで届かない。その新しさにばかり目を向けたくなるけれども、骨はしっかりと真実を語っている。わたしたちの体の基礎は海のなかで数々の偶然によって生まれ、さまざまな変更や改善を加えながら、陸上生活、さらには樹上生活へと移ってきた。進化は今も続いているが、そうした過程をほぼ理解できるのは、わたしたちがヒトという種の原型を突き止める能力を獲得したためである。化石記録という幅広い視点から見れば、わたしにもあなたにも、これといって予想外や驚異的なところはない。わたしたちはみなひとつの主題に沿ったバリエーションだ。いろいろな特徴の異なる組み合わせは個性を作り上げているだけでなく、そしてこちらのほうが重要なのだが、だれも完全には真相を理解することなどできない長い歴史へと人類をひとつに束ねている。

未来の知的存在——人類の子孫？　地球外生命？　過去をひも解く知恵を持つようになったほかの種？——が人間をどうとらえるかは想像することしかできない。あるいは少なくとも化石記録として骨が残った人間を、と言うべきだろうか。実際、死後も残るためには化石になるのがベストである。人が残そうとしている遺産は時の流れとともにあいまいになるか、そうでなければ壊れてしまう。人が作れるもので恒久的なものなどほとんど何もない。夏が訪れるたびに、乾燥した岩の上で靴をすり減らし、首がチリチリと焼けるのを感じながら地面をにらんだ経験から学んだことがあるとすれば、何百万年にもわたってもっとも純粋かつ必要最低限の記録を残せるチャンスは骨だということである。うれしいことに、偶然を待たなくてもよい。前もって考えておけば、まだだれかがその遺言を実行してくれるなら、わたしたちは化石になれる。

その考えが最初に頭に浮かんだのは、ある六月の午後、ユタ州のアーチーズ国立公園にあるパークアヴェニューをひとりで歩き回っていたときだった。そこには同名のニューヨークの通りのようにそびえ立つ高層ビルはないが、背の高い岩壁から、なぜその短いハイキングコースがそう名づけられたのかがよくわかる。端に立てば反対側を車が通っているのが見えるほどで、少しも人里離れた場所ではなかったが、錆びたオレンジ色の砂岩は砂漠でもっとも大切な安らぎ、すなわち日陰を与えてくれた。観光シーズンだったにもかかわらず、低いところにある滑らかな岩に向かってぶらぶら歩いているあいだ、ほとんどだれにも出会わなかった。頭上のジュラ紀の岩のすきまでカーカー鳴いている数羽のオオガラスがもっぱらわたしの連れだった。そして、向きを変えて引き返そうとしたとき、わたしは立ち止まって、錆色の砂に乾いたくぼみを残している自分のサンダル跡を見つめた。いつまでここに残るだろう？　公園内のさまざまな場所で岩にあばたを作っている恐竜の足跡のように、何年も持ちこたえる可能性はあるだろうか？　ありそうもない。たとえほかの観光客の足跡で消されなくても、風やたまにある雷雨によって消し去られるだろうし、言うまでもなく、その砂漠は浸食される環境である。つまり、自然の力が岩を削り、永遠に足跡をそこに閉じ込めるというよりむしろ、どこかへ運び去ってしまうだろう。それでも、ハイキングコースを登って戻りながら、わたしの心で石化の歯車が回り続けていた。少しでも状況が異なれば、あたりの岩壁くらい長い時間、足跡が保存される可能性もあったかもしれない。化石記録は過去だけのものではなく、生命が存続しているかぎり、日々作られている。わたしが化石になるには、どうすればよいだろう？

化石は骨と同義ではない。足跡も化石になる。実際、ラエトリの道のように岩のなかに行動の瞬間が保存されることを思えば、足跡は動物の暮らし方について骨よりも多くの情報をもたらすとも言える。あちらこちらの干潟や湖岸を裸足で歩き回って足跡を残せば、幸運にも、それらが乾燥して固くなったあとに次の堆積物の波で埋められて保存されるかもしれない（あるいは未来の古生物学者を混乱させたいなら、サンダルを履いたまま歩いて「ヴィブラム」［靴底メーカー］の意味を考えさせることもできる）。けれどもわたしは、自分の永遠の記録として足跡を残すことにはそれほど魅力を感じない。未来にわかるものはわたしの足の裏と、きちんと計算できれば、身長、歩く速度、そして歩くときにつま先が外側を向くくせがあることだけだ。ついでに言えば、自分がすでに残してきた化石記録も望ましくない。何十億ものほかの人間同様、わたしはごみの山で腐っているたくさんの生ごみを出し、空気中におそろしく大量の温室効果ガスを吐き出す車を運転し、ひとつの時代というよりむしろ大量絶滅事象として今この時を歴史に刻む生物学的危機に加担している。わたしの遺産が史上最悪の大量死の末期を示す荒地の岩の残骸であってほしくない。よって、骨がベストな選択だろう。タフォノミーと呼ばれる化石化を研究する科学がその手引きになる。

当時はまだ正式名称がなかったが、タフォノミーは風変わりなイギリスの聖職者ウィリアム・バックランドのおかげで誕生した。バックランドは「赤い婦人」で見当違いの判断をしたけれども、彼のおもな功績は化石の作られ方を調べる学問の基礎を築いたことである。それはイギリス、ヨークシャーのカークデイル洞窟における調査だった。

一八二一年、地元の採石場労働者が、いろいろな骨が大量に地面に埋まっている洞窟を発見した。労働者、アマチュア収集家、地元の教区長がそれぞれ現場に赴き、骨の宝もので埋め尽くされているようだと言われたその場所から記念の品を拾って持ち帰った。初期の調査では、マンモスやサイはもちろんキツネやたくさんのハイエナの骨など、多くの動物が混在していることが示唆され、その知らせがバックランドを悩ませた。そのような堆積は次のいずれかの状況で起きるはずだ。ひとつはすでに死んでいた草食動物の骨が滑り込むような地面の割れ目がある場合――バックランドはその現象を「ノアの洪水」に起因すると考えていた――もうひとつは肉食動物が巣穴として使っていた洞窟の場合である。草食動物と肉食動物両方の骨が大量にあるとはどうもおかしい。そこで、凍えるような冬の寒さのなか、バックランドはみずから洞窟に潜り込んだ。すでに収集家が狭い空間をいじり回していたが、それでもバックランドは動物が転落するような割れ目がないことを確認できた。ということは、当時の食欲旺盛なハイエナが持ち込んだに違いない。何百万年もの進化による変化という現実とまだ和解していなかったキリスト教信仰と、洞窟の地質構造に基づいて、バックランドはそれが大洪水の直前のできごとだったと考えた。

けれども、説を立てることと、それを検証することは別問題である。検証こそが科学の証しだ。問題に対するすばらしい解決方法を思いついた瞬間に、しつこいけれども大切な小さな悪魔が「それは検証できるのか?」と耳元でささやく。バックランドもまさにそうだった。そしてそれまでの収集家が見落としていた化石のなかに、バックランドの関心を引くものがあった――先史時代の糞《ふん》である。それらが洞窟のハイエナのものであると想定して、彼はその落としものをいくつか拾って帰った。すると、その糞にはまさに思ったとおり、骨の内容物がたくさん含まれていることが、友人の化学者ウィリアム・ウォラストンによって確認された。バックランドは当時の、いやおそらく全時代を通して、もっとも尊敬されていた解剖学者であるフランスのジョルジュ・キュヴィエに、パリ博物館にいるハイエナの便を送ってくれるよう頼むことまでした。その比較が、歴史学者マーティン・ラドウィックによれば、「問題に決着をつけた」。

しかしながら、バックランドはもうひとつ、同じくらい重要な検証を実行した。オックスフォードに戻ったものの、過去の世界と現在とをつなぐ洞窟のイメージがなおも頭を離れずにいたとき、ブチハイエナを連れた巡業公演の一座が街を通った。バックランドはその獣にいろいろな牛の骨を与えて、ハイエナがどれを選ぶのか、どうやって割るのか、そして最終的に何が出てくるのかを注意深く観察した。その結果、カークデイルで起きたと思われる状態がほぼ完全に再現された。骨の破損状態と噛み痕が、洞窟から出てきた化石の骨と実質的に同じだったのである。現代のハイエナが、わたしたちの知っている世界と過去の世界を結ぶ架け橋になって、巣に持ち込んだ骨がやがて土に埋まって化石になる過程で自分たちが果たした役割を解き明かしたのだ。[172]

教会のようなオックスフォード大学自然史博物館の静かな片隅で、今でもその実験の骨を見ることができる。ガラス板の向こう側に、いくつかの砕けた化石の骨と、それよりあとの時代にかじられた骨が並べて置いてある。骨を砕くほどの暴力で作られたものであるにもかかわらず、それらは美しい。わたしは、ホールで恐竜の骨格を静かに見ている親子のところへ走って行き、その暗い片隅に連れてきて、ひとつの科学分野の発端となったその骨を見せたい衝動にかられた。かろうじて思いとどまったけれども——知ってのとおり、自分が古生物学者か考古学者でないかぎり、見知らぬ男に骨を見ろと迫られたら、まるでホラー映画の始まりだ——本当は、だれかとその喜びを分かち合って、ガラスの向こうにもたせかけてあるぼろぼろの破片を誉めそやしたかった。それらはただのハイエナの食べ残しではなく、バックランドの弟子だったチャールズ・ライエルがのちに考え出した「現在は過去を解き明かす鍵である」という地質学の格言を裏づけるものだからだ。

バックランドの「ハイエナの話」に対する反響は生半可なものではなかった。たとえ同僚が彼のやり方を見下したとしても――名の知れた教授が新鮮な糞を頼む手紙を書いただと？――結果に異論を唱えることはできなかった。バックランドが、それまでの世界の変化に照らし合わせてカークデイル洞窟の重要性を語ろうとしていたため、なおさらだった。バックランドはその研究で、地質学者にとって最高の名誉であるコプリー・メダルさえ受賞した。それを思うと、先史時代のできごとを再現するという彼の関心が同僚に広まらなかったことはじつに不思議である。もしかすると名誉ある科学人にとってはあまりに不潔だったのかもしれない。ひょっとすると、洞窟を這い回ったり、肉屋の残りものをハイエナに与えたりする実地調査が、博物館の清潔で秩序立った研究室や仕事机を好む解剖学者の目に、魅力的には映らなかったのかもしれない。あるいは、あまりにもたくさんの新しい化石があったので、発見されたさまざまなかけらを記録して、それがどこにどのようにあてはまるのかを調べることが、ひとりの科学者が一生のうちに成し遂げられる仕事量を超えていたのかもしれない。とりわけ当時は、アメリカ西部の不毛地帯に、それまでヨーロッパで発見されたものよりもはるかに大量の化石があると判明したころだった。

それでもやはり、先史時代の調査で重要なことは、過去を現在の水準にあてはめてみる、場合によってはふたつを結合させることである。わたしは「失われた世界」というフレーズが大好きだけれども、実際には同じ世界が続いているのであって、今日の生命は切っても切れないほど過去と絡み合っている。現在起きているプロセスは突如として目の前に現れたものではなく、生命の誕生からずっと続いてきたことなのである。

テキサス州のメキシコ湾岸を放浪したドイツ人博物学者が、その科学分野について説得力のある主張をしている。ヨハネス・ヴァイゲルトは『最近の脊椎動物の死骸と古生物学においてそれらが示唆するもの Recent Vertebrate Carcasses and Their Paleobiological Implications』のなかで、彼の見解を明確に述べている。その本は日誌であり、論文であり、まちがいなく吐き気を催させる。わたしの書斎にある翻訳版のタイトルページには、腐敗した水たまりのなかに横たわり、ずたずたになった肉がついたままの数十の骨の写真がある。キャプションには「デュナブルクの西方、クラスラヴァ近郊にて。飢えで死んだウマの死骸の集合体」とあり、それらがロシア革命の忘れ去られた犠牲であることを示している。裏表紙の写真も似たようなもので、こちらは死骸の山ではなく、多くの脊椎動物の死後の姿を撮影したスナップ写真だ。さまざまな化石生物の線画に続いて、ガスで膨れ上がったウシ、乾燥した魚、腐敗の進んだワニ、海岸に打ち上げられたイルカなどの写真がある。それらはヨハネス・ヴァイゲルトに化石が作られる過程を教えた死骸だ。未来の化石記録になろうとしている死骸であると同時に、五億八〇〇〇万年以上前から繰り返されてきた現象の自然実験にもなっている。

一九二七年に刊行されたこの本は、ルイジアナ、オクラホマ、テキサスの各州で動物の死後を調査した一六か月の集大成である。その地域のやせた岩の露出部分に焦点を合わせるのではなく、過去を映し出す現在の動物を見つめ、博物館の所蔵品を目にして以来ヴァイゲルトの心に引っかかっていた疑問に対する答えを模索したものだ。「これらの動物はどのように死んだのだろう?」彼は本のなかで問いかけている。「埋まってしまう前に何が起きたのだろう? どのような条件があればこれほどまでたくさんの動物を保存することができるのだろう?」 結果として、分解と保存は、絶えまなく変化し続ける偶然に左右されることがわかった。死んだ季節から埋没のスピードまで、すべてのものごとが動物の死後に影響をおよぼす。化石記録のひとつひとつの骨がそれぞれほかとは異なる偶然の表れだった。そのためヴァイゲルトは、火山の噴火、流砂、「氷上の死」などの多様な死に方から、埋もれる前の風雨にさらされた時間が異なるさまざまな死体の状況まで、すべてを調査した。

それらはみなやがて、生と死のあいだの科学、あるいは古生物学者が言うところの「死から発見までのあいだに起きたこと」[173]の科学であるタフォノミーとなった。その後も、アナ・ケイ・ベーレンズマイヤーといったこの分野の先駆者が、死体の分解状況からわかる生きものとそれが暮らしていた環境について調査を続けた。時系列とは逆の順序で見ていけば、さまざまな現象によって、死そのものとは言わないまでも、生きものが埋まった瞬間までさかのぼることができる。そしてひとたびそこにたどり着いたなら、向きを変えて現代へと時を戻り、自分たちに役立つかもしれない手がかりを選び出すこともできる。

まず、実際に化石になれるものについては一考の価値がある。死は容赦なく情報を少しずつ消し去っていく。DNAは死の直後からほどけ始め、時間とともにどんどん壊れて徐々に小さな切れ端になる。たとえば、生きものが冷たく暗い洞窟で眠りについたような理想的な条件であっても、細胞内の遺伝子は壊れ、かつての状態の痕跡しか残さない。実際には、放射性の鉱物が次第に不活性な成分に変わっていくのと同じように、骨内のDNAは比較的一定のスピードで壊れていき、半減期はおよそ五二一年だ。[174]つまり、理想的な条件下でも五〇〇年経てば骨には数え始めたときの半分のDNAしかないということで、ざっと計算すると、骨の遺伝物質はおよそ六〇〇万年で完全に消滅する。人の一生に比べれば長い期間だが、それでもかなり速い。したがって、骨は死後も長いあいだDNAを保ち続けることができ、また保ってもいるが、遺伝子は骨以外の柔らかい部分と同じように短命で、何も残らなくなってしまうまで日々減少していく。長い目で見ればそれは、Tレックスやその中生代の仲間を調査して「やった!恐竜のDNAだ!」と言える望みがないということでもある。遺伝物質は十分に長く残らない。つまり、走り回るヴェロキラプトルを見たいなら、もっともそれに近いのは鳥だ。そのようなわけで、オオガラスを見かけたら敬意を払って、きちんとそれなりの距離を置こう。

それ以外に、化石記録に残ることがほとんどない抽象的なものもある。たとえば、知性。脳の天然の器である頭蓋骨からは、制御中枢である大脳の解剖学的構造や大きさは理解できるが、その軟組織のなかにある知性についてはほとんどわからない。同様に、音声もよほどの条件がそろわないかぎり化石記録から引き出すことはできない。始祖鳥は少なくとも一体が美しく保たれていて、そこには恐竜の目にある環状の骨から羽毛まですべてそろっているが、喉の組織については何ひとつわかっていない。たとえそれが残っていたとしても、どのようにして音が出たのかを解き明かし、その最初の鳥が美しい声でさえずったのか、ガーガー低い声で鳴いたのか、シューっと音を出したのか、まったく声を出さなかったのか結論づけるにあたって頭を抱えてしまうだろう。音はそれを作り出す構造が残っている場合にかぎって生きながらえる。一億六五〇〇万年前のキリギリス、アルカボイルス・ムジクスがまさにそうだった。[175]その虫は、片方の羽のザラザラした縁をもう一方の摩擦片とこすり合わせて高い音で鳴く。化石に細かい部分まで残っていたおかげで、古生物学者はこのジュラ紀の虫の鳴き声を再現することができた。残念なことに、節足動物ではないわたしは同様の音を出す構造を持っていないため、自分の声を体とともに残すことができない。

　色にも似たような問題がある。羽毛や毛皮など体を覆っている部分にメラノソームと呼ばれる小さなしみがあれば、古生物学者は例外的に化石の色を再現できる。その小さな粒は配置と密度によって、錆びた赤色から光沢のある黒色まで、スペクトルの特定の範囲に光を散乱させ、構造的に色を作り出す。化石そのものには色はすでに残っておらず、たいていの場合、わたしたち現代人の目には黒に近い灰色に見えるが、古代の羽毛にあるメラノソームの配置と、色のパターンがわかっている現代の鳥のものを比較すれば、中生代の恐竜の本当の色がはっきりわかる。メラノソームは白亜紀の恐竜が持つうろこ状の皮膚や甲羅からも見つかっている。遠い未来にだれかがわたし個人の色合いを再現できるかどうかは、何とも言えない。けれども、甲羅のあるボレアロペルタの深紅の突起のように強い印象を与えたり、ツノのある小さな恐竜プシッタコサウルスのような明暗のあるカモフラージュほど役に立ったりしないことは確かだ。

つまるところ、保存とは多くの場合、失われる過程である。その過程がどこで止まったかというだけのことなのだ。たとえば脊椎動物の体で言うなら、さまざまな細かい部分はおそらく、風雨にさらされて壊れたり風化したりするのはもちろん、腐肉を食べる動物に引き裂かれ、骨に穴を掘る虫に粉々にされ、微生物に分解される。生きものの体を分解し続けているそうしたすべての要因を思えば、何らかの化石が残っていること自体が奇跡である。

しかしながら、化石記録は、骨学的な永遠の命へと続く道のなかで、もっとも論理的に思われる過程を進むとはかぎらない。ときに、骨を完全に破壊するような現象が、そうでなければ失われたはずの部位を残すことがある。たとえば、捕食動物に食べられた場合がそうだ。化石の糞には生きものが食べたものの証拠がよく残っている。肉食哺乳類や恐竜ではつまり、骨の断片がもうひとつの穴から排泄されたときに、その湯気を立てている山が、内部に閉じ込められた骨を風雨から守る役目を果たすことがある。

人類の化石記録からわかるように、肉食動物の食習慣までもが有利に働く場合もある。長い歴史において、肉食動物はわたしたち人間を、あるいはその一部を巣に持ち帰る習慣があった。つまり人間はしばしばそこに埋まった。タンザニアの有名なオルドゥヴァイ渓谷で発見された一八〇万年前のヒト族の骨には、その地に生息していたワニ――その食事の好みに敬意を評して、その名も「人食いワニ」を意味するクロコディルス・アンスロポファグス――が、かじった痕が残っている。[176] おそらくワニが不運な先史時代の人類を水中の墓へと引きずり込んだため、結果として乾いた陸地よりも骨が埋まって残る可能性が高まったのだろう。アフリカのスワルトクランス洞窟で発見された別の化石で、SK54として知られるヒト族の頭蓋骨のてっぺんには、ヒョウの下の犬歯とかみ合うふたつの穴があいている。[177] その大型のネコが洞窟内、あるいはその付近を巣にしていて、アンテロープと同じようにその若いアウストラロピテクスを食べるためにその静かな場所に引きずっていったのかもしれない。そして中国の周口店（チョウコウティエン）に積み上げられていた、有名なホモ・エレクトスの骨は[178]――古人類学の発展における役割だけなく、第二次世界大戦の勃発とともにほとんどが跡形もなく消えてしまい、現在は鋳型しか残っていないことでも注目に値する――巨大なハイエナ、パキクロクタによって洞穴に運びこまれた可能性が高い。頭蓋骨やその他の骨に残されているかじられた痕跡は、その肉食動物が筋肉、舌、脳を手に入れるために決まったパターンでえものを分解していったようすを示している。この例でもほかの例でも、捕食動物が意図せず、壊した骨を風雨にさらされない場所に置いていったおかげで、わたしたちは祖先やその親戚の姿を見ることができる。

しかしながら、自分のこととなると、ワニに食いつかれたりハイエナに八つ裂きにされたりするのは勘弁してもらいたい。科学ライターのデヴィッド・クアメンが表情豊かに指摘しているように、死後もなお、何かに食べられるという考えはなぜか人を不安にさせる。もし化石記録すべてを自由に調べることができて自分が化石になるチャンスを高めるための手がかりを探せるなら、やはり一番可能性の高い方法をとりたい。そして、タフォノミーの実験が繰り返し示しているように、それはきわめて速いスピードで埋まることである。遺体は風雨にさらされると急速に分解される。周辺の軟組織が腐敗するにつれて、骨がむき出しになって、日光にあてられて白くなり、有能かつさまざまな無脊椎動物のそうじ係が仕事を始める。化石の骨を探し歩いていると、数か月あるいは数年前に死んだ現代の動物の亡骸に出会うことのほうが多いが、もろくなった骨の表面はまるで死後の日焼けのようにめくれ上がってひびが入っている。どれほど風化しているかを見れば、骨がどれくらいのあいだ風雨にさらされていたのか、おおよその見当がつくほどだ。その時点で骨はもう粉々のかけらになるしかなく、地層に長く埋めておくことはできないかもしれない。わたしのような化石志望者にとっては、すばやく埋まることがすべてだ。

しかしながらどのような環境を選べばよいだろう？　古生物学的に完璧な状況というものは存在しない。何かよいアイデアはないかと、わたしは棚から『すばらしい化石保存 Exceptional Fossil Preservation』という本のコピーを引っ張り出した。[179] 作者の意図とは異なると思うが、それを自分の長い死後のためのパンフレットとして使おうと思ったのだ。即座に、バージェス頁岩タイプの埋まり方がかなりよいように見えた。ピカイアにとって十分なら、わたしにとっても十分である。ただし問題は、最適な場所に最適な時期にわたしの体を置いて、自分だけでなく周囲の海洋生物ごと泥状の堆積物に埋まらなければならないことである。そうでないと、わたしをごちそうとみなす小さな魚や甲殻類がせっせと死体をつっついてばらばらにしてしまう。最初のほうの選択肢の多くはみな、同様のタイミングの問題はもちろん、わたしよりずっと小さな動物が埋められているという難点を抱えていた。身長一七八センチ弱のわたしは巨人というわけではないが、それでも十分大きく、きちんと埋まるためにはかなりの量の堆積物が必要だ。その意味ではネヴァダ州の人里離れたベルリン・イクチオサウルス発掘現場がよいように見えた。そこには二億年以上前に大量に死んだ巨大な海洋爬虫類の骨がある。ところが残念なことに、この魚のような恐竜の最後の瞬間については、深海に埋まったということしかわかっていない。そのプロセスを繰り返すにあたって実行可能な方法が示されていない。

　イタリアのオステノ、ドイツのポシドニア頁岩、イングランド南部のオックスフォード粘土累層など、化石がきれいに保存されていたことで有名な場所にもみな、たいした希望は持てなかった。これらのすばらしい化石層からはみな、豊富な堆積物が突然なだれを起こして生きものを埋め尽くす海の環境で作られたものだという印象が強まっただけだった。確かに、不規則に海の堆積物が氾濫する現代の海底でも、わたしが何らかの化石記録を残すチャンスがないことはない。それを言うなら、巨大な砂丘が頻繁に崩壊する砂漠でも、新しい堆積物で埋め尽くされる氾濫原でも、近くに火山がある場合なら灰が山ほど降ってくる静かな湖でも同じだ。けれども、わたしが探しているのは可能ななかで最適な選択肢である。そうなると、ゾルンホーフェンあたりが候補に上がる。

一億五〇〇〇万年前ごろ、わたしの大好きなブロントサウルスがジュラ紀のユタ州を力強い足取りで歩いていたとき、ドイツのゾルンホーフェン周辺地域は暖かい海に点在していた列島で、海岸線に沿って礁を囲むように岬が突き出ていた。そこでは歯のある小さな翼竜が空をはばたき、カブトガニが浅瀬を歩き、綿毛で覆われた恐竜が海岸を駆け回っていた。それがわかるのは、バイエルン地方のその地域でよく知られている石版印刷用の石灰石のなかに驚くような化石が保存されていたためである。生きものにとっては不運だったが、それは海のなかで起きた偶然のできごとが原因だった。現代でもほかの列島で猛威を振るっているのと同じように、ジュラ紀の列島を嵐が襲い、そのときの風と波が生きものを礁の底に流した。すでに死んでいたものもあれば、不幸にも嵐で命を落としたものもいたが、いずれにしても、それらの体は波にもまれながらほとんど酸素のない海底層へと流された。酸素がなかったということは蠕虫などの生きものが活動した痕跡がないことからわかる。礁の底は生きているものには過酷な環境だったが、死んでいるものにとっては最適だった。命を落とした生きものたちはみな、腐肉を食べる動物に悩まされることも、数え切れないほどの断片へとばらばらにされることもなく永眠できた。それらは本当に安らかに眠っていた。降り注いだ堆積物がやさしく体を包み込んですばやく埋めたため、列島の恐竜のうろこやわずかな羽毛の原型さえそのまま残っていたのである。

ゾルンホーフェンの土葬方法は、保存という点で完璧に近いように思われる。むろんリスクは必ずある。壊れやすい細かい部分をそのまま残し、骨が関節でつながったままの形を保つためには、やはり急速に埋められる必要があるうえ、化石化のプロセスそのものにも左右される。岩は最適な時期に固まらなければならないし、組織を石に刻みつけるためにはミネラル成分を含む水が浸透しなければならない。それからその岩が最適な方法で地表近くまで持ち上がって、だれかに発見される可能性を高める必要がある。計画が失敗する可能性は随所にある。それでも、究極の記録を後世に残したいなら、礁の底で死の静けさに包まれて永眠する方法が最善だろう。[180]

自分がそのような場所にたどりつけるかどうかはわからない。そのような遺言は作っていないし、望ましい結果を生む同じような環境を現代に見つけられるかどうかも定かではない。現在の社会と法律の制度は一般に、好きなところに遺体を置いておくことに眉をひそめる。しかしながら、短期的な選択肢として科学のために骨を残すとしても、その骨がわたし個人について、またヒトという種について何を伝えるのだろうかとあれこれ思わずにはいられない。わたしが書いたこと、成し遂げたことの痕跡はそこには残っていないだろう。記憶も残らない。残るのはむき出しになった生物学的構造、短い人生のあいだに成長させた体内の記録だけだ。

未来の古生物学者はわたしの骨に何を見るのだろう。たぶんにそれは骨がどれほど原型を維持しているかによるのだろう。脊椎動物を専門とする古生物学者ならだれでも、関節のつながっている骨を望み、関連性のわかる骨を喜んで受け入れ、かけらの山にはしばしば悪態をつく。とりあえずこの場では、腐肉を食べる動物がそれほど手荒くなく、埋まるのは割合にすばやく、わたしの骨が若干わかりにくいけれどもひとりの人間のものだとはっきりわかる形で残るとしよう。骨盤がそのまま残っていれば、有能な未来の解剖学者なら、わたしが骨としては男性だとわかる。骨盤の底の縁が狭く、赤ん坊が通れるようにはなっていない。右腕の橈骨は子どものころに作り直された痕、一〇歳のときにスケートボードで転んで生じた若木骨折の痕跡を示しているかもしれない。歯を調べれば、右上の切歯に小さなへこみが見つかるかもしれない。昔いつもラズベリー型の小粒のキャンディを前歯で割っていて、ある朝鏡を見たら小さなくぼみができていた。また顕微鏡でしか見えないような歯の引っかき傷、微小摩耗からは、全体としては柔らかいものを食べていたけれども、臼歯で氷や硬い飴をかち割る癖があったことがわかるだろう。腕はほんの少し長く、手は大きいほうだが、平凡な身長と解剖学的構造で、あまりに標準であるために、未来の古生物学者はおそらくその特徴のなさに失望するのではないか。

たとえ博物館の戸棚でも、海底でも、自分の一部だけでも残ればそれで十分だろう。物語を語るには骨格全体どころか、きちんとした骨でなければならないということもない。どんな小片でも過去の命について何かを告げている。ひとかけらでもいくつかのことは伝えられる。たとえば、わたしが脊椎動物で、哺乳類で、世界で六度目の大量絶滅が進んでいた時代に生きていたこと。わたしの体が、奇妙な節足動物が支配していた世界で定められた解剖学的原型に基づいて組み立てられ、甲羅から内部の骨組みへと姿を変えた驚くべきミネラル物質で作られていて、海から陸へと這い上がった魚によって進歩を遂げ、何千万年ものあいだ樹上で洗練されたこと。ほかに類のないものだと感じることがときにあったとしても、わたしはやはり地球の生命の大きな物語の一部であること。そして、わたしの小さな骨だけで、古い海賊の言い伝えはまちがいだとわかること。死人に口なしどころか、死者はじつに雄弁である。

骨と同じように、本もそれぞれ独自の発達プロセスをたどる。本書の場合には、予想より若干多くの成長痛を伴った。自分の日ごろの専門分野から少し背伸びをした課題を取り上げたとたんに、想定外のことが立て続けに起きた。読者が今この本を手に取っているのは、ひとえに、この原稿の進化の過程で難しい局面に直面するたびにわたしを支えてくれたすべての人のおかげである。

当然のことながら、このプロジェクトの発達を見守ってくれた編集者やエージェントにまず頭を下げなければならない。以前エージェントだったピーター・タラックと前の書籍の編集者アマンダ・ムーンは今回のプロジェクトには参加しなかったが、この本を書くべきだと思うにいたったのは、彼らが割いてくれた時間と成果――意図したものであるかどうかは別として――に負うところが大きい。そうした変化を経て出会ったのが、疲れを知らないエージェントで、今まで出会ったなかでもっとも熱心なライターのチャンピオン、ディアドラ・マレインと、わたしにとって心地よい化石の世界の外側を見渡すようわたしを説得し続けた、このうえなく辛抱強い、洞察力のある編集者コートニー・ヤングである。ディアドラとコートニーがいなければ、この本は存在していなかった。

さてここからが難しい。どのような本を書くときでも、作者は覚え切れないほどたくさんの人のお世話になっている。友人もいれば、専門家や、知らずして重要なひらめきを与えてくれた人々もいる。わたしはまだその全員を覚えておく方法を会得していないため、だれか忘れている人がいるに違いない（ここに名前があると思っていたのになかったら、申し訳ない）。とりあえず、わたしが思い出せるかぎりでは、順不同で、カール・ジマー、デボラ・ブラム、メアリー・ローチ、ジェニファー・ウレット、マリン・マケナ、アナリー・ニュウィッツ、マシュー・ウェデル、ケヴィン・パディアン、ジョン・ハッチンソン、アダム・ハッテンロッカー、サラ・ワーニング、マイケル・ハビブ、ジョン・ホークス、クリスティーナ・キルグローヴ、テッド・デシュラー、そしてその他多くの人々に、わたしが頭をひねって文字を繰り出しているあいだ、専門家として支え、時間を割き、知識を与えてくれたことに感謝したい。

当然のことながら、わたしにもっとも近い人々ほどわたしが何をやっているのかを知らなかった。緊張、重圧、アイデアの葛藤は見せても、内容は完成するまで打ち明けられない。心の支えは本を完成させるためになくてはならないもので、どれほど感謝しているか、とても言葉では言い表せない。フォックスフェザー・ゼンコヴァ、ベサニー・

ブルックシャー、アンバー・ヒル、アレックス・ポーポラ、キャロリン・レヴィット・バシアン、キット・ロビンソン、そしてミリアム・ゴールドスタインに友情、そして親身になって耳を傾けてくれたことをありがたく思う。わたしがいつもあれこれ気を揉んでいたものを楽しんでもらいたい。

何よりも、妻トレイシーの絶えまないサポートには頭が上がらない。妻はいっときも疑わなかった。わたしがノートパソコンを閉じて、もうずっとそのままにしておきたいと思ったときでも、続けるよう促した。ほかのだれよりも――ワードプレスのブログ程度のものしかないけれども書くのが好きだったころでさえ――わたしには書けると信じていた。よって、わたしが書く本はすべて妻のサポートの証しである。肉づけ部分で書き残したことはあるかもしれないが、本書の骨組みは妻のものだ。

**イラストについて**

本書で各章の冒頭に用いられているイラストは、一七三三年の本『骨の描写、骨の解剖学的構造 Osteographia or the Anatomy of Bones』からの引用、またそれに基づくものである。その本はこれまで出版されたなかでもっとも印象的な骨の手引書のひとつだ。

『骨の描写』は、現在では外科医の先駆者として知られている、イングランドの解剖学者ウィリアム・チェセルデンが書いたものである。チェセルデンは学界では悪名高かったが、『骨の描写』は大学の売店にあるような医学教本とはまったく異なる。骨と骨組織に関する現代の書籍は、細胞の構造から特定要素の指標まで、骨に内在する性質を多段階の視点でとらえることと正確性に重点が置かれている。けれどもチェセルデンの本は若干変わっている。頭蓋骨や各部位の細かいイラストはあるが、『骨の描写』の骸骨たちは肉など必要ないと言わんばかりに生き生きとしているのである。チェセルデンの本に出てくる人間の骸骨は考え、ポーズをとり、悩み、祈る。人間とは関係がなかったため本書には含めなかったが、ほかにも威嚇しているネコ、寝ているイヌ、跳躍するアンテロープ、上のほうの枝の木の穴になにかおいしいものはないかと考えているように見えるクマもある。そのようなわけで本書のイラストには『骨の描写』がぴったりだった。チェセルデンが再現した骸骨は動くことのない解剖学的な記念碑ではなく、元気で活発な骨への尊敬のしるしである。

# 訳者あとがき

人間の骨について、その成り立ちから機能、さらには人間社会との関わりまで、幅広く骨を読み解く本書の原題は“*Skeleton Keys*”である。単語だけを見れば、スケルトンは骨格や骸骨、キーは鍵を意味するが、スケルトンキーとは鍵のギザギザした刻み目の大部分がないために複数の錠を開けることのできるマスターキー（親鍵）のことである。骨の慣用句が好きだという著者は、わたしたちの体の基礎を作っている必要不可欠な部分としての骨格について語り、また骨のすべてを解き明かすという意味で、タイトルにその言葉を持ってきたのだろう。

日本語にも「骨」を用いる慣用句がいろいろあるが、英語にもたくさんある。よく使われるのが、「a skeleton in the closet」で、直訳すると「戸棚のなかの骸骨」だが、これは、だれにでもひとつやふたつはありそうな「人には言えない秘密」を指す。骨とは関係がないが、不都合を隠すという意味で「sweep ~ under the carpet」（絨毯の下に掃き入れる）という言い回しもある。英語圏の表現では、暴露されるとまずいもの、とりあえず見たくないものはみな家のなかの見えない場所に隠されているようで、なかなかおもしろい。

著者は一言で述べるなら恐竜オタクである。自分の背丈がステゴサウルスの膝くらいだったころからということなので、おそらく幼児のころからの恐竜ファンだ。サイエンスライターとして生計を立てるようになってからもなお、アメリカ大西部で恐竜の発掘に携わっており、本人のツイッターのプロフィールもずばり「T・レックス（ティラノサウルス）の遠い親戚」である。本書の前半で語られている、気が遠くなるほど長い骨の歴史を考えれば、あながちまちがいではないだろう。著者のブログも化石に関する内容であふれかえっている。本書は人骨に関する本ではあるが、恐竜に対する著者の思い入れが随所に表れているようにも感じられる。

一方、人間の骨に関して言うならば楽しいことばかりではない。特に、アメリカに根深く残る差別の問題について、著者は正面から切り込んでいる。翻訳という仕事に携わっていると、主題をたどっていくうちにアメリカの人種差別とぶつかる本に出会うことが多いのだが、人類学や考古学もその問題を抱えているということに驚き、また問題の深さを感じる。

しかしながら、本書は専門家がしかめつらで難しいことを語る本ではない。骨の不思議、またそれを取り巻く社会について繰り広げられる骨物語を楽しんでいただければ幸いだ。読み終わるころには自分の腕を見て、内部の骨を想像できるようになっているかもしれない。

なお、著者ブライアン・スウィーテクは本原書の刊行後、自分が体と心の性が一致しないトランスジェンダー、また男性でも女性でもない（ある）ノンバイナリーであることを公表し、現在はライリー・ブラック（Riley Black）と名乗っている。また、she/her、they/them で呼んでほしいとも述べている。

最後になったが、本書を訳すにあたって原書房編集部の大西奈己氏、オフィス・スズキの鈴木由紀子氏にたいへんお世話になった。改めて謝意を表したい。

二〇二〇年一月

大槻敦子

# 骨《ほね》が語《かた》る人類史《じんるいし》

●

2020 年 2 月 27 日　第 1 刷

著者……………ブライアン・スウィーテク
訳者……………大槻敦子《おおつきあつこ》
装幀……………村松道代
発行者……………成瀬雅人
発行所……………株式会社原書房
〒 160-0022 東京都新宿区新宿 1-25-13
電話・代表　03(3354)0685
http://www.harashobo.co.jp/
振替・00150-6-151594
印刷・製本……………図書印刷株式会社

ISBN978-4-562-05724-5, printed in Japan

◆著者
**ブライアン・スウィーテク**（Brian Switek）
サイエンス・ライター。「ナショナル・ジオグラフィック」「スミソニアン」「ワイアード」「スレート」「ウォールストリート・ジャーナル」「ネイチャー」「サイエンティフィック・アメリカン」などの一般誌・科学雑誌にも寄稿しており、著書に『移行化石の発見』(文藝春秋)がある。著者の化石発見についての調査は、BBC(英国放送協会)やNPR(米国ナショナル・パブリック・ラジオ)で取り上げられている。ユタ州ソルトレイクシティ在住。

◆訳者
**大槻敦子**（おおつき あつこ）
慶應義塾大学卒。訳書に『人が自分をだます理由　自己欺瞞の進化心理学』『監視大国アメリカ』『ヒトの起源を探して　言語能力と認知能力が現生人類を誕生させた』『人間VSテクノロジー 人は先端科学の暴走を止められるのか』『世界伝説歴史地図』『ネイビー・シールズ　最強の狙撃手』『傭兵　狼たちの戦場』『図説狙撃手大全』『ヒトラーのスパイたち』『史上最強の勇士たち　フランス外人部隊』などがある。

◆カバー画像
写真提供：Bridgeman Images / PPS 通信社

# 原注

## 序章　骨の髄まで

1 Mupparapu, Muralidhar, and Anitha Vuppalapati. “Ossification of Laryngeal Cartilages on Lateral Cephalometric Radiographs.” *Angle Orthodontist* 75, no. 2 (2005): 196–201.

2 Ota, Kinya, and Shigeru Kuratani. “Evolutionary Origin of Bone and Cartilage in Vertebrates.” In *The Skeletal System*, edited by Olivier Pourquié, 1–18. Cold Spring Harbor, NY: Cold Spring Harbor Laboratory Press, 2009.

3 Steinbeck, John. *The Log from the Sea of Cortez*. New York: Penguin, 1941. p. 3. one: flesh out.（『コルテスの海航海日誌』）

## 第１章　骨になる

4 Ruane, Michael. “Natural History Museum Grants Professor’s Dying Wish: A Display of His Skeleton.” *Washington Post*, April 11, 2009. http://www.washingtonpost.com/wp-dyn/content/article /2009/04/10/AR2009041003357_3.html.

5 Asma, Stephen. *Stuffed Animals and Pickled Heads*. New York: Oxford University Press, 2001. pp. 202–239.

6 Gould, Stephen. *Wonderful Life*. New York: W. W. Norton, 1989. pp. 71–75.（『ワンダフル・ライフ　バージェス頁岩と生物進化の物語』渡辺政隆訳。早川書房。1993 年）

7 Walcott, Charles. *Cambrian Geology and Paleontology II: No. 5—Middle Cambrian Annelids*. Washington, DC: Smithsonian Institution, 1911.

8 Morris, Simon Conway, and Jean-Bernard Caron. “*Pikaia gracilens* Walcott, a Stem-Group Chordate from the Middle Cambrian of British Columbia.” *Biological Reviews of the Cambridge Philosophical Society* 87, no. 2 (2012): 480–512.

9 “The Fossils.” Royal Ontario Museum. http://burgess-shale.rom.on.ca/en/science/burgess-shale/03-fossils.php.

10 Caron, Jean-Bernard, and Donald Jackson. “Paleoecology of the Greater Phyllopod Bed Community, Burgess Shale.” *Palaeogeography, Palaeoclimatology, Palaeoecology* 258, no. 3 (2008): 222–56.

11 Morris, Simon Conway. “The Persistence of Burgess Shale–type Faunas: Implications for the Evolution of Deeper-Water Faunas.” *Earth and Environmental Science Transactions of the Royal Society of Edinburgh* 80, no. 3–4 (1989): 271–83.

12 Van Roy, Peter, Patrick J. Orr, Joseph P. Botting, Lucy A. Muir, Jakob Vinther, Bertrand Lefebvre, Khadija el Hariri, and Derek E. G. Briggs. “Ordovician Faunas of the Burgess Shale Type.” *Nature* 465 (2010): 215–8.

## 第２章　骨の生い立ち

13 Editorial in the *American Naturalist*, June 1873, p. 384.

14 Davidson, Jane. *The Bone Sharp*. Philadelphia: The Academy of Natural Sciences of Philadelphia, 1997.

15 “Hadrosaurus foulkii.” Academy of Natural Sciences of Drexel University. http://ansp.org/exhibits/online-exhibits/stories /hadrosaurus-foulkii/.

16 Psihoyos, Louie, and John Knoebber. *Hunting Dinosaurs*. New York: Random House, 1994.

17 Richter, Daniel, Rainer Grün, Renaud Joannes-Boyau, Teresa E. Steele, Fethi Amani, Mathieu Rué, Paul Fernandes et al. “The Age of the Hominin Fossils from Jebel Irhoud, Morocco, and the Origins of the Middle Stone Age.” *Nature* 546, no. 7657 (2017): 293–6.

18 Satoh, Noriyuki, Daniel Rokhsar, and Teruaki Nishikawa. “Chordate Evolution and the Three-Phylum System.” *Proceedings of the Royal Society B* 281, no. 1794 (2014); Erwin, Douglas, and Eric H. Davidson. “The Last Common Bilaterian Ancestor.” *Development* 129, no. 13 (2002): 3021–32.

19 Zhu, Min, Xiaobo Yu, Per Erik Ahlberg, Brian Choo, Jing Lu, Tuo Qiao, Qingming Qu et al. “A Silurian Placoderm with Osteichthyan-like Marginal Jaw Bones.” *Nature* 502 (2013): 188–93.

20 Rücklin, Martin, Philip C. J. Donoghue, Zerina Johanson, Kate Trinajstic, Federica Marone, and Marco Stampanoni. “Development of Teeth and Jaws in the Earliest Jawed Vertebrates.” *Nature* 491 (2012): 748–51.

21 Zhu, Min, Wenjin Zhao, Liantao Jia, Jing Lu, Tuo Qiao, and Qingming Qu. “The Oldest Articulated Osteichthyan Reveals Mosaic Gnathostome Characters.” *Nature* 458 (2009): 469–74.

22 Tanaka, Mikiko, Andrea Münsterberg, W. Gary Anderson, Alan R. Prescott, Neil Hazon, and Cheryll Tickle. “Fin Development in a Cartilaginous Fish and the Origin of Vertebrate Limbs.” *Nature* 416 (2002): 527–31.

23 Wellman, Charles H., Peter L. Osterloff, and Uzma Mohiuddin. “Fragments of the Earliest Land Plants.” *Nature* 425 (2003): 282–5.

24 Buatois, Luis, M. Gabriela Mangano, Jorge F. Genise, and Thomas N. Taylor. “The Ichnologic Record of the Continental Invertebrate Invasion; Evolutionary Trends in Environmental Expansion, Ecospace Utilization, and Behavioral Complexity.” *PALAIOS* 13, no. 3 (1998): 217–40; Engel, Michael S., and David A. Grimaldi. “New Light Shed on the Oldest Insect.” *Nature* 427 (2004): 627–30.

25 MacIver, Malcolm A., Lars Schmitz, Ugurcan Mugan, Todd D. Murphey, and Curtis D. Mobley. “Massive Increase in Visual Range Preceded the Origin of Terrestrial Vertebrates.” *PNAS* 114, no. 12 (2017): E2375–84.

26 Angielczyk, Ken, and Lars Schmitz. “Nocturnality in Synapsids Predates the Origin of Mammals by Over 100 Million Years.” *Proceedings of the Royal Society B* 281, no. 1793 (2014).

27 Gebo, Daniel L. *Primate Comparative Anatomy*. Baltimore: Johns Hopkins University Press, 2014. pp. 8–10.

## 第3章　骨のからくり

28 Jefferson, George T. “People and the Brea: A Brief History of a Natural Resource.” In *Rancho La Brea: Death Trap and Treasure Trove*, edited by John M. Harris, 3–8. Los Angeles: Natural History Museum of Los Angeles County, 2001.

29 Jefferson. “People and the Brea: A Brief History of a Natural Resource.”

30 Jefferson. “People and the Brea: A Brief History of a Natural Resource.”

31 McKenna, Josephine. “Embracing Figures at Pompeii ‘Could Have Been Gay Lovers’, After Scan Reveals They Are Both Men.” *Telegraph*, April 7, 2017. https://www.telegraph.co.uk/news/2017/04/07 /embracing-figures-pompeii-could-have-been-gay-lovers-scan-reveals/.

32 Killgrove, Kristina. “Is That Skeleton Gay? The Problem with Projecting Modern Ideas onto the Past.” *Forbes*, April 8, 2017. https://www.forbes.com/sites/kristinakillgrove/2017/04/08/is-that-skeleton -gay-the-problem-with-projecting-modern-ideas-

onto-the-past/#48a373a830e7.

33 Schweitzer, Mary Higby, Zhiyong Suo, Recep Avci, John M. Asara, Mark A. Allen, Fernando Teran Arce, and John R. Horner. "Analyses of Soft Tissue from *Tyrannosaurus rex* Suggest the Presence of Protein." *Science* 316, no. 5822 (2007): 277–80.

34 Clarke, B. "Normal Bone Anatomy and Physiology." *CJASN* 3, supplement 3 (2008): S131–9.

35 Buenzli, Pascal R., and Natalie A. Sims. "Quantifying the Osteocyte Network in the Human Skeleton." *Bone* 75 (2015): 144–50.

36 Alexander, R. McNeill. *Bones: The Unity of Form and Function.* New York: Macmillan, 1994. pp. 24–57.

37 Molnár, M., I. János, L. Szűcs, and L. Szathmáry. "Artificially Deformed Crania from the Hun-Germanic Period (5th–6th century AD) in Northeastern Hungary: Historical and Morphological Analysis." *Neurosurgical Focus* 36, no. 4 (2014): E1; Clark, J. "The Distribution and Cultural Context of Artificial Cranial Modification in the Central and Southern Philippines." *Asian Perspectives* 52, no. 1 (2013): 28–42; Durband, Arthur C. "Brief Communication: Artificial Cranial Modification in Kow Swamp and Cohuna." *American Journal of Physical Anthropology* 155, no. 1 (2014): 173–8; Gerszten, Peter C. "An Investigation into the Practice of Cranial Deformation Among the Pre-Columbian Peoples of Northern Chile." *International Journal of Osteoarchaeology* 3, no. 2 (1993): 87–98.

38 O'Brien, Tyler G., Lauren R. Peters, and Marc E. Hines. "Artificial Cranial Deformation: Potential Implications for Affected Brain Function." *Anthropology* 1, no. 3 (2013): 1–6.

39 O'Brien, T., and A. M. Stanley. "Boards and Cords: Discriminating Types of Artificial Cranial Deformation in Prehispanic South Central Andean Populations." *International Journal of Osteoarchaeology* 23, no. 4 (2013): 459–70.

40 Okumura, Mercedes. "Differences in Types of Artificial Cranial Deformation Are Related to Differences in Frequencies of Cranial and Oral Health Markers in Pre-Columbian Skulls from Peru." *Boletim do Museu Paraense Emílio Goeldi: Ciências Humanas* 9, no. 1 (2014): 15–26.

41 Killgrove, Kristina. "Here's How Corsets Deformed the Skeletons of Victorian Women." *Forbes*, November 16, 2015. https://www.forbes.com /sites/kristinakillgrove/2015/11/16/how-corsets-deformed-the-skeletons-of -victorian-women/#45121f7b799c; Gibson, Rebecca. "Effects of Long erm Corseting on the Female Skeleton: A Preliminary Morphological Examination." *Nexus* 23, no. 2 (2015): 45–60.

## 第4章　骨組み

42 Lovejoy, C. Owen, Gen Suwa, Linda Spurlock, Berhane Asfaw, and Tim D. White. "The Pelvis and Femur of *Ardipithecus ramidus*: The Emergence of Upright Walking." *Science* 326, no. 5949 (2009): 71e1–6.

43 Aiello, Leslie, and Christopher Dean. *An Introduction to Human Evolutionary Anatomy*. London: Elsevier, 2002. p. 285.

44 Ryan, Timothy M., and Colin N. Shaw. "Gracility of the Modern *Homo sapiens* Skeleton Is the Result of Decreased Biomechanical Loading." *PNAS* 112, no 2. (2015): 372–7; Chirchir, Habiba, Tracy L. Kivell, Christopher B. Ruff, Jean-Jacques Hublin, Kristian J. Carlson, Bernhard Zipfel, and Brian G. Richmond. "Recent Origin of Low Trabecular Bone Density in Modern Humans." *PNAS* 112, no. 2 (2015): 366–71.

45 "Space Bones." NASA Science, October 1, 2001. https ://science.nasa.gov/science-news/science-at-nasa/2001/ast01oct_1/.

46 McGee-Lawrence, Meghan, Patricia Buckendahl, Caren Carpenter, Kim Henriksen, Michael Vaughan, and Seth Donahue. "Suppressed Bone Remodeling in Black Bears Conserves Energy and Bone Mass During Hibernation." *Journal of Experimental Biology* 218, pt. 13 (2015): 2067–74.

## 第5章　骨を折る

47 Reisz, Robert R., Diane M. Scott, Bruce R. Pynn, and Sean P. Modesto. "Osteomyelitis in a Paleozoic Reptile: Ancient Evidence for Bacterial Infection and Its Evolutionary Significance." *Naturwissenschaften* 98, no. 6 (2011): 551–5.

48 Anné, Jennifer, Brandon P. Hedrick, and Jason P. Schein. "First Diagnosis of Septic Arthritis in a Dinosaur." *Royal Society Open Science* 3, no. 8 (2016): 160222.

49 Humphrey, Louise T., Isabelle De Groote, Jacob Morales, Nick Barton, Simon Collcutt, Christopher Bronk Ramsey, and Abdeljalil Bouzouggar. "Earliest Evidence for Caries and Exploitation of Starchy Plant Foods in Pleistocene Hunter-Gatherers from Morocco." *PNAS* 111, no. 3 (2014): 954–9.

50 Sheridan, Kerry. "Eating Nuts Caused Tooth Decay in Hunter-Gatherers." PhysOrg, January 6, 2014. https://phys.org/news/2014-01 -nuts-tooth-hunter-gatherers.html; Oxilia, Gregorio, Marco Peresani, Matteo Romandini, Chiara Matteucci, Cynthianne Debono Spiteri, Amanda G. Henry, Dieter Schulz et al. "Earliest Evidence of Dental Caries Manipulation in the Late Upper Palaeolithic." *Scientific*

*Reports* 5 (2015): 12150.

51 "KNM-ER 1808." Smithsonian National Museum of Natural History, March 30, 2016. http://humanorigins.si.edu/evidence/human -fossils/fossils/knm-er-1808.

52 Dolan, Sean Gregory. "A Critical Examination of the Bone Pathology on KNM-ER 1808, a 1.6 Million Year Old *Homo erectus* from Koobi Fora, Kenya." Master's thesis, New Mexico State University, 2011.

53 Walker, Alan, M. R. Zimmerman, and R. E. F. Leakey. "A Possible Case of Hypervitaminosis A in *Homo erectus*." *Nature* 296 (1982): 248–50; Skinner, Mark. "Bee Brood Consumption: An Alternative Explanation for Hypervitaminosis A in KNM-ER 1808 (*Homo erectus*) from Koobi Fora, Kenya." *Journal of Human Evolution* 20, no. 6 (1991): 493–503.

54 "Persistence of Epiphyseal Line in the Iliac Crest," *Forbes*. https://www.forbes.com/pictures/gked45glfl/persistence-of-epiphysea /#273d86f71da6.

55 Killgrove, Kristina. "Skeletons of Two Possible Eunuchs Discovered in Ancient Egypt." *Forbes*, April 28, 2017. https://www.forbes.com /sites/kristinakillgrove/2017/04/28/skeletons-of-two-possible-eunuchs -discovered-in-ancient-egypt/#3d82d8251f55.

56 Kaplan, Frederick. "The Skeleton in the Closet." *Gene* 528, no. 1 (2013): 7–11.

57 同上.; De La Hoz Polo, Marcela, Monica Khanna, and Miny Walker. "Young Woman Who Presents with Shortness of Breath." *Skeletal Radiology* 46, no. 1 (2017): 143–5.

58 Kaplan, Frederick, Martine Le Merrer, David L. Glaser, Robert J. Pignolo, Robert Goldsby, Joseph A. Kitterman, Jay Groppe, and Eileen M. Shore. "Fibrodysplasia Ossificans Progressiva." *Best Practice & Research Clinical Rheumatology* 22, no. 1 (2008): 191–205.

59 Kamal, Achmad Fauzi, Robin Novriansyah, Rahyussalim, Yogi Prabowo, and Nurjati Chairani Siregar. "Fibrodysplasia Ossificans Progressiva: Difficulty in Diagnosis and Management: A Case Report and Literature Review." *Journal of Orthopaedic Case Reports* 5, no. 1 (2015): 26–30.

60 Warren, H. B., and J. L. Carpenter. "Fibrodysplasia Ossificans in Three Cats." *Veterinary Pathology* 21, no. 5 (1984): 495–9; Guilliard, M. J. "Fibrodysplasia Ossificans in a German Shepherd Dog." *Journal of Small Animal Practice* 42, no. 11 (2001): 550–3.

61 Angier, Natalie. "Bone, a Masterpiece of Elastic Strength." *New York Times*, April

27, 2009. https://www.nytimes.com/2009/04/28 /science/28angi.html.

62 Kaplan, "The Skeleton in the Closet."

63 同上

64 Yilmaz, Ibrahim Edhem, Yagil Barazani, and Basir Tareen. "Penile Ossification: A Traumatic Event or Evolutionary Throwback? Case Report and Review of the Literature." *Canadian Urological Association Journal* 7, no. 1–2 (2013): E112–4.

65 "Evidence of Trepanation Found in 7,000 Year Old Skull from Sudan," *Archaeology News Network*, July 1, 2016. https://archaeologynewsnet work.blogspot.com/2016/07/evidence-of-trepanation-found-in-7000 .html#FRWpjhgGy0oZP9Mx.97.

66 Watson, Traci. "Amazing Things We've Learned From 800 Ancient Skull Surgeries." *National Geographic*, June 30, 2016. http://news.nationalgeographic.com/2016/06 / what-is-trepanation-skull-surgery-peru-inca-archaeology-science/.

67 Andrushko, Valerie A., and John W. Verano. "Prehistoric Trepanation in the Cuzco Region of Peru: A View into an Ancient Andean Practice." *American Journal of Physical Anthropology* 137, no. 1 (2008): 4–13.

68 同上

69 Wade, Lizzie. "Skeletons from Hospital Graveyard Shed Light on Early Dissections." *Science*, February 15, 2015. http://www.sciencemag.org /news/2015/02/skeletons-hospital-graveyard-shed-light-early-dissections?rss=1.

70 Smith-Guzmán, Nicole, Jeffrey A. Toretsky, Jason Tsai, and Richard G. Cooke. "A Probable Primary Malignant Bone Tumor in a Pre-Columbian Human Humerus from Cerro Brujo, Bocas del Toro, Panamá." *International Journal of Paleopathology*, 2017.

## 第6章　骨までしゃぶる

71 Day, Michael H., and Robert W. Pitcher- Wilmott. "Sexual Differentiation in the Innominate Bone Studied by Multivariate Analysis." *Annals of Human Biology* 2, no. 2 (1975): 143–51.

72 Cunningham, C., L. Scheuer, and S. Black. *Developmental Juvenile Osteology*. London: Academic Press, 2016. p. 16.

73 Hoffman, D. L., C. D. Standish, M. Garcia-Diez, P. B. Pettitt, J. A. Milton, J. Zilhão, J. J. Alcolea-Gonzalez et al. "U-Th Dating of Carbonate Crusts Reveals Neandertal Origin of Iberian Cave Art." *Science* 359, no. 6378 (2018): 912–5.

74 Paul B. Pettitt. "The Neanderthal Dead: Exploring Mortuary Variability in Middle Palaeolithic Eurasia." *Before Farming* 1 (2002): 1–26.

75 d'Errico, Francesco, Christopher Henshilwood, Graeme Lawson, Marian Vanhaeren, Anne-Marie Tillier, Marie Soressi, Frédérique Bresson et al. "Archaeological Evidence for the Emergence of Language, Symbolism, and Music—An Alternative Multidisciplinary Perspective." *Journal of World Prehistory* 17, no. 1 (2003): 1–70.

76 Langley, Michelle C., Christopher Clarkson, and Sean Ulm. "Behavioural Complexity in Eurasian Neanderthal Populations: A Chronological Examination of the Archaeological Evidence." *Cambridge Archaeological Journal* 18, no. 3 (2008): 289–307.

77 Gresky, Julia, Juliane Haelm, and Lee Clare. "Modified Human Crania from Göbekli Tepe Provide Evidence for a New Form of Neolithic Skull Cult." *Science Advances* 3, no. 6 (2017): e1700564.

78 Manseau, Peter. *Rag and Bone: A Journey Among the World's Holy Dead.* New York: Henry Holt and Company, 2009. p. 7

79 Quenneville, Guy. "'We Love Him to Bits': Severed Arm of St. Francis Xavier Draws Hundreds in Saskatoon." CBC, January 18, 2018. http://www.cbc.ca/news/canada/saskatoon /love-him-bits-severed-arm-st-francis-xavier-display-saskatoon-1.4493026.

80 Paulas, Rick. "The Weird and Fraudulent World of Catholic Relics." *Vice*, March 4, 2015. https://www.vice.com/en_us/article /jmbwzg/the-weird-and-fraudulent-world-of-catholic-relics-456.

81 eBay, s.v. "Elvis Hair." Accessed April 27, 2018. http://www.ebay .com/bhp/elvis-hair; "Marilyn Monroe Hair." Paul Fraser Collectibles. Accessed April 27, 2018. https://store.paulfrasercollectibles.com/products /marilyn-monroe-authentic-strand-of-hair.

82 Bello, Silvia M., Simon A. Parfitt, and Chris B. Stringer. "Earliest Directly-Dated Human Skull-Cups." *PLOS One* 6, no. 2 (2011): e17026.

83 同上

84 Bonogofsky, M. "Cranial Modeling and Neolithic Bone Modification at 'Ain Ghazal: New Interpretations." *Paléorient* 27, no. 2 (2001): 141–6.

85 Bonogofsky, "Cranial Modeling and Neolithic Bone Modification at 'Ain Ghazal."

86 Goren, Yuval, A. Nigel Goring-Morris, and Irena Segal. "The Technology of Skull Modelling in the Pre-Pottery Neolithic B (PPNB): Regional Variability, the Relation of Technology and Iconography and Their Archaeological Implications." *Journal of Archaeological Science* 28, no. 7 (2001): 671–90.

87 Moore, Ken. "Instruments of Macabre Origin." The Met, July 7, 2014. http://www.metmuseum.org/blogs/of-note/2014/skull-lyre.

88 Larson, Frances. *Severed: A History of Heads Lost and Heads Found.* New York: Liveright, 2014. pp. 17–24.（『首切りの歴史』[ 矢野真千子訳。河出書房新社。2015 年）

89 Dickey, Colin. *Cranioklepty.* Lakewood, CO: Unbridled Books, 2009. p. 16.

## 第７章　毒を食らわば骨まで

90 Killgrove, Kristina. "A Summer Day in the Life of a Roman Bioarchaeologist." *Forbes*, July 27, 2017. https://www.forbes.com/sites /kristinakillgrove/2017/07/27/a-summer-day-in-the-life-of-a-roman -bioarchaeologist/#2b5ab59f4cb6.

91 同上

92 Pearson, Michael. "Uprooted Tree Reveals a Violent Death from 1,000 Years Ago." CNN, September 15, 2015. https:// www.cnn.com/2015/09/15/europe/ireland-tree-skeleton-discovery-feat /index.html.

93 Buckley, Richard, Mathew Morris, Jo Appleby, Turi King, Deirdre O'Sullivan, and Lin Foxhall. "'The King in the Car Park': New Light on the Death and Burial of Richard III in the Grey Friars Church, Leicester, in 1485." *Antiquity* 87 (2013): 519–38.

94 同上

95 同上

96 同上

97 King, Turi, Gloria Gonzalez Fortes, Patricia Balaresque, Mark G. Thomas, David Balding, Pierpaolo Maisano Delser, Rita Neumann et al. "Identification of the Remains of King Richard III." *Nature Communications* 5 (2014): 1–8.

98 同上

99 Lamb, Angela L., Jane E. Evans, Richard Buckley, and Jo Appleby. "Multi-isotope Analysis Demonstrates Significant Lifestyle Changes in King Richard III." *Journal of Archaeological Science* 50 (2014): 559–65.

100 Appleby, Jo, Piers D. Mitchell, Claire Robinson, Alison Brough, Guy Rutty, Russell A. Harris, David Thompson, and Bruno Morgan. "The Scoliosis of Richard III, Last Plantagenet King of England: Diagnosis and Clinical Significance." *Lancet* 383, no. 9932 (2014): 1944.

101 同上

102 同上

103 Lewis, Jason. "Identifying Sword Marks on Bone: Criteria for Distinguishing Between Cut Marks Made by Different Classes of Bladed Weapons." *Journal of Archaeological Science* 35, no. 7 (2008): 2001–8.

104 Appleby, Jo, Guy N. Rutty, Sarah V. Hainsworth, Robert C. Woosnam-Savage, Bruno Morgan, Alison Brough, Richard W. Earp et al. "Perimortem Trauma in King Richard III: A Skeletal Analysis." *Lancet* 385, no. 9964 (2015): 253–9.

105 同上

106 同上

107 同上

## 第8章　骨は災いのもと

108 Stemmler, Joan K. "The Physiognomical Portraits of Johann Caspar Lavater." *Art Bulletin* 75, no. 1 (1993): 151–68.

109 Percival, Melissa. "Johann Caspar Lavater: Physiognomy and Connoisseurship." *Journal for Eighteenth-Century Studies* 26, no. 1 (2003): 77–90.

110 van Whye, John. "Was Phrenology a Reform Science? Towards a New Generalization for Phrenology." *History of Science* 42, no. 137, pt. 3 (2004): 313–31.

111 Rafter, Nicole. "The Murderous Dutch Fiddler: Criminology, History and the Problem of Phrenology." *Theoretical Criminology* 9, no. 1 (2005): 65–96.

112 van Whye, "Was Phrenology a Reform Science?"

113 McGregor, Russell. *Imagined Destinies: Aboriginal Australians and the Doomed Race Theory, 1880–1939.* Victoria, Australia: Melbourne University Press, 1997.

114 Bank, Andrew. "Of 'Native Skulls' and 'Noble Caucasians': Phrenology in Colonial South Africa." *Journal of Southern African Studies* 22, no. 3 (1996): 387–403.

115 Webb, Denver A. "War, Racism, and the Taking of Heads: Revisiting Military Conflict in the Cape Colony and Western Xhosaland in the Nineteenth Century." *Journal of African History* 56, no. 1 (2015): 37–55.

116 Renschler, Emily S., and Janet Monge. "The Samuel George Morton Cranial Collection." *Expedition* 50, no. 3 (2008): 30–8.

117 "To Henry Fawcett 18 September [1861]," Darwin Correspondence Project, University of Cambridge. https://www.darwinproject.ac.uk/letter/DCP-LETT-3257.xml.

118 Gould, Stephen Jay. *The Mismeasure of Man* (New York: W.W. Norton and Company, 1996): 84.（『人間の測りまちがい：差別の科学史』鈴木善次、森脇靖子訳。河出書房新社。1989 年）

119 Stanton, William. *The Leopard's Spots*. Chicago: University of Chicago Press, 1960.

120 同上 , 137.

121 Weisberg, Michael, and Diane B. Paul. "Morton, Gould, and Bias: A Comment on 'The Mismeasure of Science." *PLOS Biology* 14, no. 4 (2016): e1002444.

122 Lewis, Jason E., David DeGusta, Marc R. Meyer, Janet M. Monge, Alan E. Mann, and Ralph L. Holloway. "The Mismeasure of Science: Stephen Jay Gould Versus Samuel George Morton on Skulls and Bias." *PLOS Biology* 9, no. 6 (2011): e1001071.

123 Kaplan, Jonathan, Massimo Pigliucci, and Joshua Alexander Banta. "Gould on Morton, Redux: What can the debate reveal about the limits of data?" *Studies in History of Philosophy of Biological and Biomedical Sciences* 52 (2015): 22–31.

124 Thomas, David Hurt. *Kennewick Man*. New York: Basic Books, 2000. p. 104.

125 Marks, Jonathan. "The Two 20th-Century Crises of Racial Anthropology." In *Histories of American Physical Anthropology in the 20th Century*, edited by Michael A. Little and Kenneth A. R. Kennedy, Lanham, MD: Lexington Books, 2010. pp. 187–206.

126 同上

127 Redman, Samuel J. *Bone Rooms*. Cambridge, MA: Harvard University Press, 2016. p. 222.

128 Kennedy, Kenneth A. R. "Principal Figures in Early 20th-Century Physical Anthropology: With Special Treatment of Forensic Anthropology." In Little and Kennedy, *Histories of American Physical Anthropology*, 105–26.

129 Hemmer, Nicole. "'Scientific Racism' Is on the Rise on the Right. But It's Been Lurking There for Years." *Vox*, March 28, 2017. https:// www.vox.com/the-big-idea/2017/3/28/15078400/scientific-racism-murray -alt-right-black-muslim-culture-trump.

130 Devlin, Hannah. "First Modern Britons Had 'Dark to Black' Skin, Cheddar Man DNA Analysis Reveals." *Guardian*,February 7, 2018. https://www.theguardian.com/science/2018/feb/07 /first-modern-britons-dark-black-skin-cheddar-man-dna-analysis-reveals.

## 第９章　骨の真相

131 Williams, Weston. "Burial of 9,000-Year-Old Kennewick Man Lays to Rest a 20-Year-Old Debate." *Christian Science Monitor*, February 21, 2017. http://www.csmonitor.com/Science/2017/0221 /Burial-of-9-000-year-old-Kennewick-Man-lays-to-rest-a-20-year-old-debate.

132 Owsley, Douglas W., and Richard L. Jantz. *Kennewick Man*. College Station, TX: Texas A&M University Press, 2014.

133 同上

134 Ousley, Stephen D., William T. Billeck, and R. Eric Hollinger. "Federal Repatriation Legislation and the Role of Physical Anthropology in Repatriation." *Yearbook of Physical Anthropology* 48 (2005): 2–32.

135 Bruning, Susan B. "Complex Legal Legacies: The Native American Graves Protection and Repatriation Act, Scientific Study, and Kennewick Man." *American Antiquity* 71, no. 3 (2006): 501–21.

136 Watkins, Joe. "Becoming American or Becoming Indian?" *Journal of Social Archaeology* 4, no. 1 (2004): 60–80.

137 Maureen Konkle. *Writing Indian Nations.* Chapel Hill: University of North Carolina Press, 2004. p. 292.

138 Sauer, Norman. "Forensic Anthropology and the Concept of Race: If Races Don't Exist, Why Are Forensic Anthropologists So Good at Identifying Them?" *Social Science & Medicine* 34, no. 2 (1992): 107–11.

139 Echo-Hawk, Roger, and Larry J. Zimmerman. "Beyond Racism: Some Opinions About Racialism and American Archaeology." *American Indian Quarterly* 30, no. 3/4 (2006): 461–85.

140 Killgrove, Kristina. "How One Anthropologist Balances Human Skeletons and Human Rights." *Forbes*, March 17, 2017. https://www.forbes.com/sites/kristinakillgrove/2017/03/17/how-one-anthropologist-balances -human-skeletons-and-human-rights/#679ad57c2a1f.

141 Lippert, Dorothy. "Repatriation and the Initial Steps Taken on Common Ground." *SAA Archaeological Record* 15, no. 1 (2015): 36–8.

142 Rasmussen, Morten, Martin Sikora, Anders Albrechtsen, Thorfinn Sand Korneliussen, J. Víctor Moreno-Mayar, G. David Poznik, Christoph P. E. Zollikofer et al. "The Ancestry and Affiliations of Kennewick Man." *Nature* 523 (2015): 455–8.

143 Doughton, Sandi. "What's Next for Kennewick Man,Now That DNA Says He's Native American?" *Seattle Times*, June 18, 2015. http://www.seattletimes.com/seattle-news/science/kennewick-man-mystery -solved-dna-says-hes-native-american/.

144 同上

145 Rosenbaum, Cary. "Ancient One, Also Known as Kennewick Man, Repatriated." *Tribal Tribune*, February 18, 2017. http://www.tribaltribune.com/news/article_aa38c0c2-f66f-11e6-9b50-7bb1418f3d3d .html.

146 Rose, Jerome C., Thomas J. Green, and Victoria D. Green. "NAGPRA Is Forever: Osteology and the Repatriation of Skeletons." *Annual Review of Anthropology* 25 (1996): 81–103.

147 Colwell, Chip, and Stephen E. Nash. "Repatriating Human Remains in the Absence of Consent." *The SAA Archaeological Record* 15, no. 1 (2015): 14–6

148 Greenfieldboyce, Nell. "The Saga of the Irish Giant's Bones Dismays Medical Ethicists." NPR, March 13, 2017. http://www.npr.org/sections/health-shots/2017/03/13/514117230/the-saga-of-the-irish-giants-bones-dismays-medical-ethicists.

149 Doyal, Len, and Thomas Muinzer. "Should the Skeleton of 'the Irish giant' Be Buried at Sea?" *BMJ* 343 (2011): d7597.

150 Ulaby, Neda. “Origins of Exhibited Cadavers Questioned.” NPR, August 11, 2006. https://www.npr.org/templates/story /story.php?storyId=5637687; Harding, Luke. “Von Hagens Forced to Return Controversial Corpses to China. *Guardian*, January 23, 2004. https://www .theguardian.com/world/2004/jan/23/arts.china.

151 Perkel, Colin. “‘Bodies Revealed’ Exhibit May Be Using Executed Chinese Prisoners, Says Rights Group.” CBC, September 6, 2014. http://www.cbc.ca/news/canada/bodies-revealed-exhibit-may-be-using -executed-chinese-prisoners-says-rights-group-1.2757908.

152 Carney, Scott. *The Red Market*. New York: William Morrow, 2011.（『レッドマーケット：人体部品産業の真実』二宮千寿子訳。講談社。2012 年）

153 Carney, Scott. “Into the Heart of India’s Underground Bone Trade.” NPR, November 29, 2007. https://www.npr.org/templates/story/story .php?storyId=16678816.

154 Carney, Scott. “Inside India’s Underground Trade in Human Remains.” *Wired*, November 27, 2007. https://www.wired .com/2007/11/ff-bones/.

155 “Young Brothers.” India Mart. https://www.indiamart.com /youngbrothers/profile.html

156 Andrabi, Jalees. “Ban Fails to Stop Sales of Human Bones.” *National*, February 13, 2009. https://www.thenational.ae/world/asia /ban-fails-to-stop-sales-of-human-bones-1.528471.

157 Carney, Scott. “Inside India’s Underground Trade in Human Remains.” *Wired*, November 27, 2007. https://www.wired.com/2007 /11/ff-bones/.

158 Cohen, Margot. “Booming Business in Bones: Demand for Real Human Skeletons Surges in India.” *National*, December 28, 2015. https:// www.thenational.ae/world/booming-business-in-bones-demand-for-real-human -skeletons-surges-in-india-1.111275.

159 Suri, Manveena. “India: Police Arrest 8 in Human Bone Smuggling Ring.” CNN, March 23, 2017. https://www.cnn.com/2017/03/23 /asia/india-bone-smuggling/index.html.

160 Kiser, Margot. “Burundi’s Black Market Skull Trade.” *Daily Beast*, January 26, 2014. https://www.thedailybeast.com /burundis-black-market-skull-trade.

161 “Real Human Bones for Sale,” Bone Room. https://www .boneroom.com/store/c44/Human_Bones.html.

162 Davis, Simon. "Meet the Living People Who Collect Dead Human Remains." *Vice*, July 13, 2015. https://www.vice.com/en_us /article/wd7jd5/meet-the-living-people-who-collect-human-remains-713.

163 "Real Human Skulls," Replica and Real Human Skull Props by Zane Wylie, accessed June 12, 2018, https://realhumanskull.com/t /real-human-skull.

164 Marsh, Tanya D. "Rethinking Laws Permitting the Sales of Human Remains." *Huffington Post*, August 13, 2012. https://www.huffingtonpost.com/tanya-d-marsh/laws-permitting-human-remains_b _1769082.html.

165 Hugo, Kristin. "Human Skulls Are Being Sold Online, but Is It Legal?" *National Geographic*, August 23, 2016. https://news.nationalgeo graphic.com/2016/08/human-skulls-sale-legal-ebay-forensics-science/.

166 Halling, Christine L., and Ryan M. Seidemann. "They Sell Skulls Online?! A Review of Internet Sales of Human Skulls on eBay and the Laws in Place to Restrict Sales." *Journal of Forensic Sciences* 61, no. 5 (2016): 1322–6.

167 Seidemann, Ryan M., Christopher M. Stojanowski, and Frederick J. Rich. "The Identification of a Human Skull Recovered from an eBay Sale." *Journal of Forensic Sciences* 54, no. 6 (2009): 1247–53.

168 Killgrove, Kristina. "This Archaeologist Uses Instagram to Track the Human Skeleton Trade." *Forbes*, July 6, 2016. https ://www.forbes.com/forbes/welcome/?toURL=https://www.forbes.com/sites /kristinakillgrove/2016/07/06/this-archaeologist-uses-instagram-to-track-the -human-skeleton-trade/&refURL=&referrer=#267c05756598; Huffer, Damien, and Shawn Graham. "The Insta-Dead: The Rhetoric of the Human Remains Trade on Instagram." *Internet Archaeology* 45 (2017). doi: 10.11141/ia.45.5.

169 Huffer and Graham, "The Insta-Dead."

170 同上

171 Hugo, "Human Skulls Are Being Sold Online."

## 第10章　骨をうずめる

172 Rudwick, Martin. *Bursting the Limits of Time*. Chicago: University of Chicago Press, 2005. pp. 623–38.

173 Weigelt, Johannes. *Recent Vertebrate Carcasses and Their Paleobiological Implications.*

Chicago: University of Chicago Press, 1989

174 Allentoft, Morten E., Matthew Collins, David Harker, James Haile, Charlotte L. Oskam, Marie L. Hale, Paula F. Campos et al. "The Half-Life of DNA in Bone: Measuring Decay Kinetics in 158 Dated Fossils." *Proceedings of the Royal Society B* 279, no. 1748 (2012): 4724–33.

175 Gu, Jun-Jie, Fernando Montealegre-Z, Daniel Robert, Michael S. Engel, Ge-Xia Qiao, and Dong Ren. "Wing Stridulation in a Jurassic Katydid (Insecta, Orthoptera) Produced Low-Pitched Musical Calls to Attract Females." *PNAS* 109, no. 10 (2012): 3868–73.

176 Brochu, Christopher A., Jackson Njau, Robert J. Blumenschine, and Llewellyn D. Densmore. "A New Horned Crocodile from the Plio-Pleistocene Hominid Sites at Olduvai Gorge, Tanzania." *PLOS One* 5, no. 2 (2010): e9333.

177 Brain, C. K. "An Attempt to Reconstruct the Behaviour of Australopithecines: The Evidence for Interpersonal Violence." *Zoologica Africana* 7, no. 1 (1972): 379–401.

178 Boaz, Noel T., Russell L. Ciochon, Qinqi Xu, and Jinyi Liu. "Mapping and Taphonomic Analysis of the *Homo erectus* Loci at Locality 1 Zhoukoudian, China." *Journal of Human Evolution* 46, no. 5 (2004): 519–49.

179 Bottjer, David J., Walter Etter, James W. Hagadorn, and Carol M. Tang. *Exceptional Fossil Preservation.* New York: Columbia University Press, 2002.

180 Sansom, Robert S., Sarah E. Gabbott, and Mark A. Purnell. "Atlas of Vertebrate Decay: A Visual and Taphonomic Guide to Fossil Interpretation." *Palaeontology* 56, no. 3 (2013): 457–74.